» IL CAMMEO «

VOLUME 549

MATEMATICA PER GIOCO

OLTRE DUECENTO GIOCHI E ROMPICAPI
PER SCOPRIRE LA MAGIA DEI NUMERI

di
FEDERICO PEIRETTI

LONGANESI

www.longanesi.it

ISBN 978-88-304-3391-5

Illustrazione e grafica di copertina di Cahetel

MATEMATICA PER GIOCO

Ai miei allievi, con affetto,
riconoscente per quanto
mi hanno insegnato.

PREMESSA

Con questo nuovo libro proseguo l'indagine nel mondo del gioco già avviata con il libro precedente, *Il matematico si diverte.* Sono sempre giochi e « problemi divertenti » nati dalla mia esperienza di tanti anni di divulgazione su web, riviste e giornali, e di insegnamento della matematica. Sono convinto che il gioco sia un ottimo punto di partenza per migliorare le proprie abilità di ragionamento e di intuizione, doti essenziali per avvicinarsi alla matematica e per cercare di comprendere il mondo così complesso in cui viviamo.

Nel libro, accanto ai giochi inventati dai grandi matematici, si trovano quelli più popolari, come i giochi con i fiammiferi, le monete o i dadi, che nelle mani dei matematici hanno acquistato nuove divertenti dimensioni. Il celebre filosofo e matematico Leibniz, grande appassionato di giochi, ha scritto: « Sono decisamente favorevole allo studio dei giochi logici, non per il piacere proprio del gioco, ma perché questi sono di grande aiuto nello sviluppare l'arte della riflessione ».

Quando si interessò al *Solitario della Bastiglia*, uno dei più noti giochi di scacchiera, arrivò a proporne nuove varianti, altrettanto divertenti, accompagnate da una straordinaria analisi matematica.

Pensiamo poi al gioco dei dadi, che ha attirato molti grandi matematici. Da Galileo a Girolamo Cardano, uno dei più autorevoli matematici del Cinquecento, che perse grosse somme di denaro proprio ai dadi. Inevitabile che i matematici ne studiassero ogni caratteristica. Anche Blaise Pascal fu portato a occuparsi dei dadi dal suo amico e gran giocatore, il Chevalier de Méré. Egli voleva capire su quale numero fosse più conveniente puntare e Pascal approfondì lo studio del lancio dei dadi, arrivando a stabilire i primi fondamenti del calcolo delle probabilità. Commenta Pascal: « È notevole come tale scienza, che è cominciata con gli studi dei giochi d'azzardo, si sia elevata ai più importanti oggetti delle conoscenze umane ».

È molto lungo l'elenco dei matematici innamorati del gioco, convinti che la matematica stessa sia un bel gioco. E vedremo insieme, fra gli altri, i giochi e le magie inventate da Luca Pacioli, il frate matematico amico di Leonardo e di Piero della Francesca che, con l'aiuto del primo, fece un eccezionale lavoro in cui convivono arte e matematica.

Fra i moderni troviamo Giuseppe Peano, logico e matematico eccellente. Ha sempre affermato il valore culturale della matematica, sostenendo che non può essere ridotta a tecnica e calcolo, e ha anche scritto un libro di giochi e problemi interessanti, in parte ripresi nelle pagine di questo libro. Afferma Peano: « Sono giochi e problemi scelti per rendere meno noiosa l'aritmetica ».

In generale, si può dire che il gioco favorisce un abito mentale di riflessione e di ragionamento, che è proprio della matematica, « per sviluppare – come diceva Leibniz – l'arte della riflessione ».

Spero che questo libro, oltre a divertire chi vorrà mettersi alla prova con le tante sfide proposte, possa contribuire a dare un'immagine più serena della matematica, allontanando quella repulsione che troppe persone provano ancora e che dichiarano sfacciatamente: « La matematica? A me non piace e non ne ho mai capito niente ».

Federico Peiretti

Avvertenza – In ogni capitolo la sigla **A1**, **A2**, ecc. rimanda all'Appendice dello stesso capitolo, dove un argomento o un problema viene approfondito o risolto.

1
FIAMMIFERI PER ACCENDERE LA MATEMATICA

I fiammiferi di legno o di carta hanno due caratteristiche che li rendono adatti ai giochi matematici; possono essere usati come fiche e inoltre sono campioni maneggevoli di segmenti della stessa unità di misura. Una raccolta completa di tutti i giochi matematici basati sui fiammiferi riempirebbe un grosso volume.

Martin Gardner

1. La *Matchematics*

Mettete una scatola di fiammiferi in mano a un matematico e vedrete quanti giochi, quanta matematica saprà cavarne fuori. Una matematica curiosa e divertente, con infiniti problemi che vanno a costruire una nuova grande struttura, utile per capire non solo le proprietà dello spazio, ma anche di molti altri concetti matematici. È la *matematica dei fiammiferi*, che potremmo chiamare *Matchematics*, *match* (fiammifero) e *mathematics* (matematica). La parte classica di questa teoria è quella dei rompicapi di vario genere che propongono la composizione o la scomposizione di figure costruite con i fiammiferi.

Vediamo insieme un primo problema: costruire, con 12 fiammiferi, poligoni di area determinata.

È facile costruire

a) un quadrato di 9 unità quadrate
b) un rettangolo di 8 unità quadrate
c) un triangolo di 6 unità quadrate

Un po' più difficile costruire, sempre con 12 fiammiferi

d) un poligono di 7 unità quadrate
e) un poligono di 5 unità quadrate

ma solo i più bravi riusciranno a costruire

f) il poligono con un'area di 4 unità (si parte dal triangolo di 6 unità e... se ne tolgono 2)

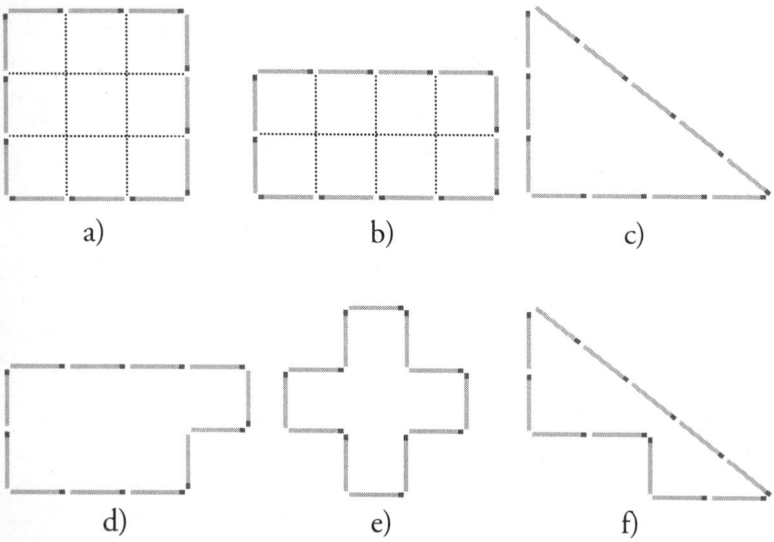

La *Matchematics* diventa ancora più interessante se si analizzano tutte le possibili figure che si possono formare con i fiammiferi. Su questa strada si può scoprire una nuova *aritmogeometria** che rifonda insieme aritmetica e geometria, partendo dalle successioni di quadrati, triangoli, pentagoni, esagoni, cubi, tetraedri o altri poligoni o solidi costruiti con i fiammiferi. Di seguito, ad esempio, sono riportati i primi termini della successione dei quadrati e dei triangoli equilateri.

* Federico Peiretti, *Il matematico si diverte*, cap. 2, « Pitagora, la matematica con i sassi », Longanesi, Milano, 2010.

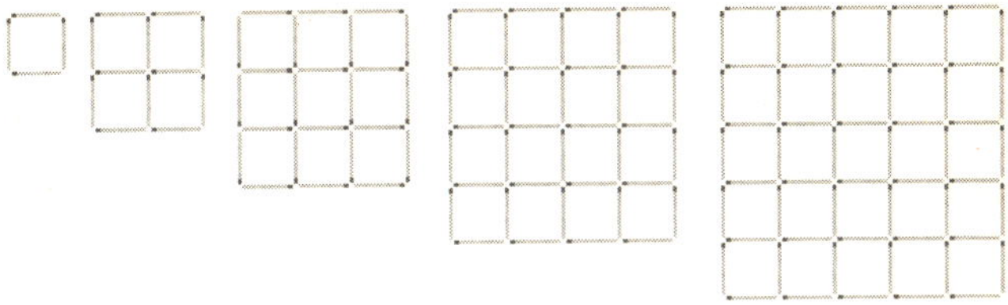

fiammiferi	4	12	24	40	60...
quadrati 1×1	1	4	9	16	25
quadrati 2×2		1	4	9	16
quadrati 3×3			1	4	9
quadrati 4×4				1	4
quadrati 5×5					1
...					

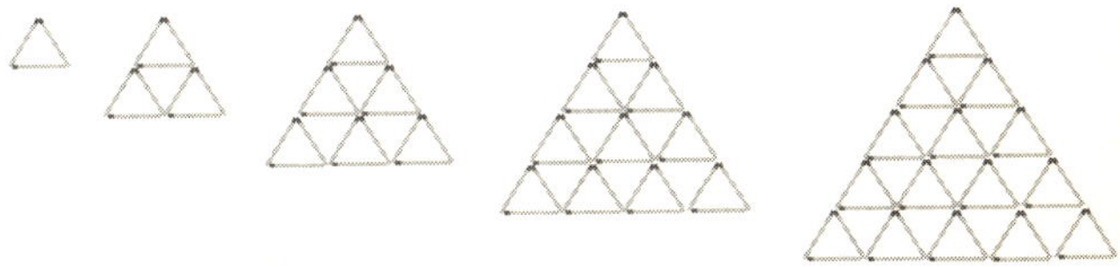

fiammiferi	3	9	18	30	45
triangoli 1×1	1	4	9	16	25
triangoli 2×2		1	3	7	13
triangoli 3×3			1	3	7
triangoli 4×4				1	3
triangoli 5×5					1
...					

Collegate alle diverse figure, compaiono diverse successioni numeriche che sono un curioso collegamento tra aritmetica e geometria. Al lettore il compito di proseguire questa originale e divertente ricerca.

Fiammiferi topologici

Un'altra ricerca di grande interesse venne presentata da Martin Gardner* cinquant'anni fa. Tutto nasceva da un semplice problema topologico: trovare le figure topologicamente distinte che si possono formare con un numero diverso di fiammiferi, senza sovrapporli e tali che siano uniti solo alle estremità. Per iniziare consideriamo un numero di fiammiferi n da 1 a 5.

$n = 1$ 1

$n = 2$ 1

$n = 3$ 3

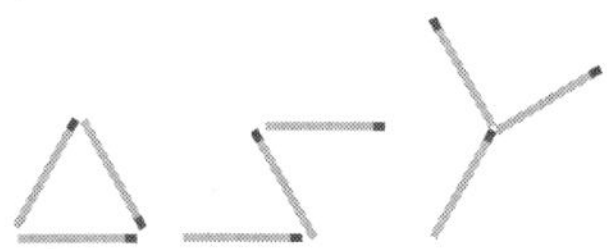

n = 4 5

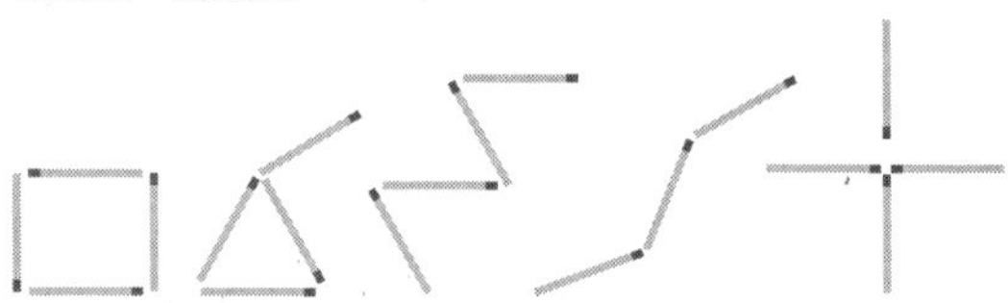

$n = 5$ 10

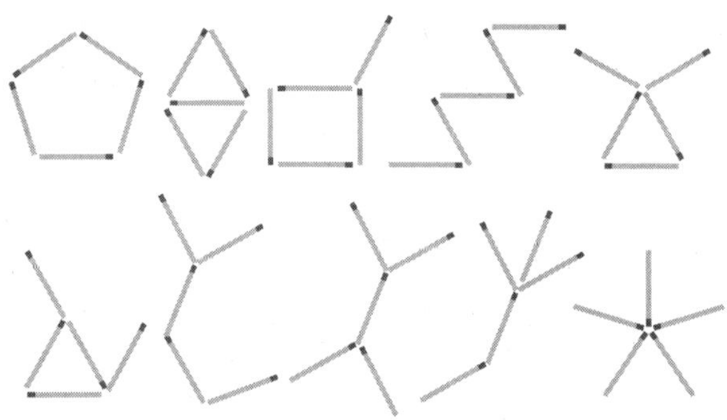

Quali saranno le figure topologicamente differenti che si ottengono con 6 fiammiferi? La risposta a p. 23.

* Federico Peiretti, *op. cit.*, cap. 14, «Martin Gardner».

2. Problemi divertenti

1.

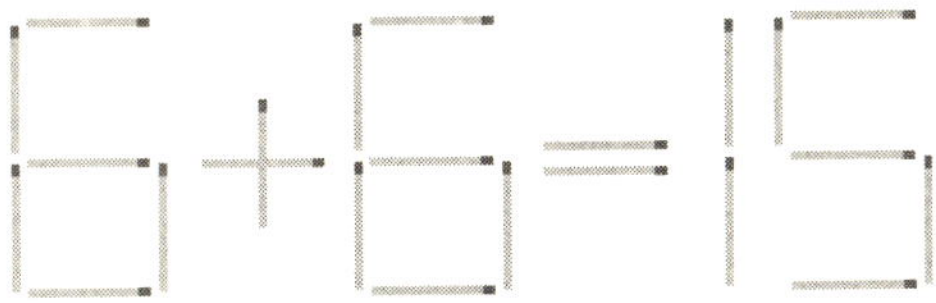

Se si sposta un fiammifero si può rendere valida l'uguaglianza.

2. Spostare soltanto un fiammifero, in modo che l'uguaglianza resti valida.

Successivamente, spostare due fiammiferi, in modo che l'uguaglianza resti ancora valida.

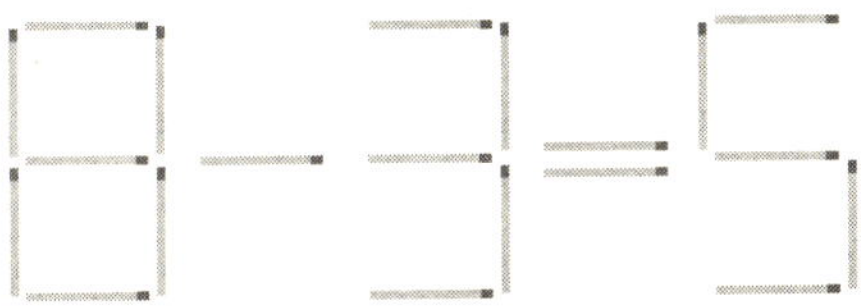

3. Spostare un fiammifero per rendere valida l'uguaglianza.

4. Stabilire l'uguaglianza spostando un solo fiammifero. Esistono due soluzioni.

5. Spostare un fiammifero per verificare l'uguaglianza.

6. Ecco un problema dato dall'INVALSI (Istituto nazionale per la valutazione del sistema educativo di istruzione e di formazione) agli studenti delle medie inferiori: «Marco vuole costruire con dei fiammiferi interi un rettangolo che abbia la base tripla dell'altezza; quanti fiammiferi interi sono necessari?»

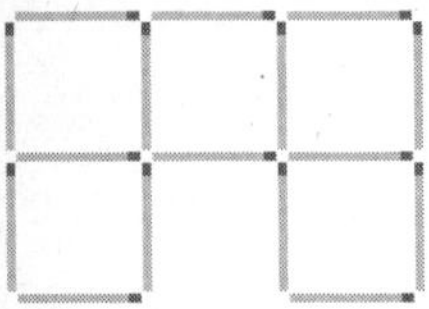

7. Spostare tre fiammiferi in modo da passare da 5 a 4 quadrati.

8. Con 24 fiammiferi costruire 8, 7 e 6 quadrati uguali, ognuno con un fiammifero di lato.

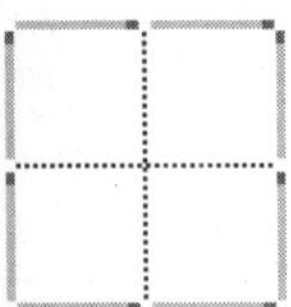

9. Sappiamo naturalmente dividere il quadrato 2×2 in due parti uguali con due fiammiferi. Ma com'è possibile dividerlo sempre in due parti uguali con tre fiammiferi?

10. È sufficiente spostare un fiammifero per rendere vera l'uguaglianza. Quale fiammifero?

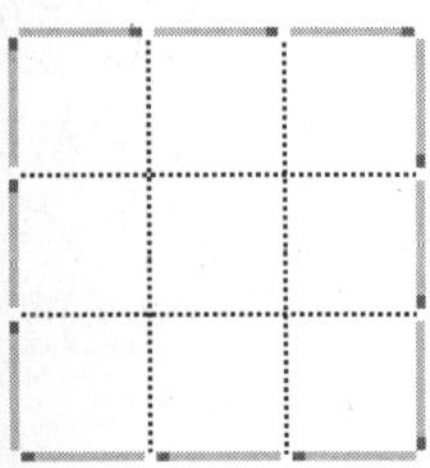

11. Il quadrato 3×3 di figura può essere diviso molto semplicemente in tre parti uguali con 6 fiammiferi. Un po' meno evidente è la divisione sempre in tre parti aventi aree uguali, usando però 7 fiammiferi.

12. Spostare 3 fiammiferi in modo da ottenere 3 quadrati uguali.

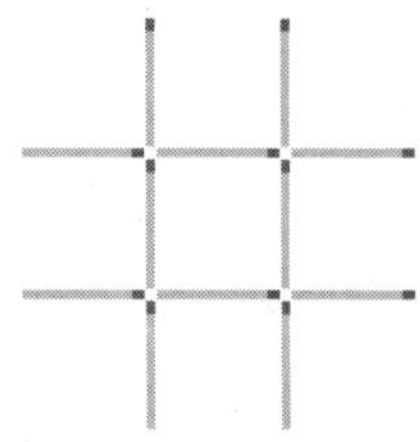

13. Spostare 4 fiammiferi in modo da formare 10 quadrati che non sono tutti uguali. Solo per questo esercizio è permesso incrociare i fiammiferi.

14. Una delle più semplici configurazioni base per una serie di rompicapi con i fiammiferi è il quadrato 3×3, costruito con 24 fiammiferi. In questo quadrato ci sono 14 quadrati: 9 quadrati unitari, 1×1, 4 quadrati 2×2, di 2 fiammiferi per lato, e un quadrato più grande, 3×3, di 3 fiammiferi per lato.

Partendo da questo quadrato è possibile, ad esempio, togliere 8 fiammiferi in modo che restino 2, 3, 4 oppure 5 quadrati. Possono restare 3 o 5 quadrati togliendo soltanto 6 fiammiferi e ne possono restare 5 togliendo 4 fiammiferi in modo opportuno.

Senza togliere fiammiferi, ma spostandone 10, si può passare da 9 a 8 quadrati unitari, spostandone 4 si passa da 9 a 7 quadrati e spostandone 8 da 9 quadrati a 6 quadrati unitari.

15. Quadrati in coppia

Venti fiammiferi sono disposti nel modo indicato in figura. Si devono spostare sette fiammiferi in modo da ottenere, sempre con tutti e venti i fiammiferi, due coppie di quadrati, pur diverse tra loro, ma tali che i quadrati di ogni coppia siano uguali.

16. Data la spirale di figura, costruita con 35 fiammiferi, spostare 4 fiammiferi in modo da formare 3 quadrati.

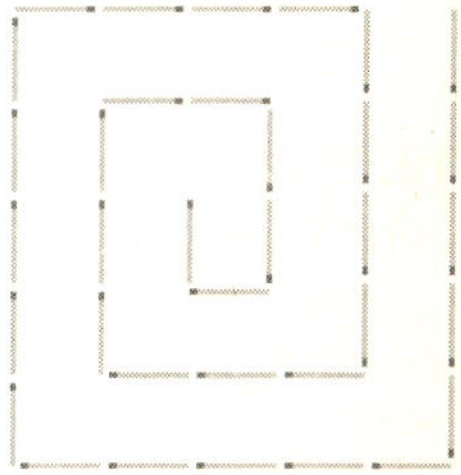

17. Al posto del quadrato, si può prendere come configurazione base il triangolo equilatero 3×3 (vedi la figura a lato). Anche in questo caso si possono togliere o spostare fiammiferi per nuovi rompicapi.

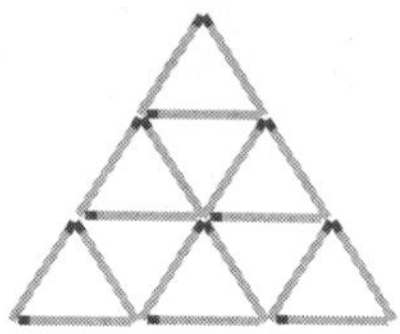

Si possono, ad esempio, togliere 3 fiammiferi in modo che restino 6 triangoli unitari, oppure toglierne 5 in modo che ne restino 5. Si possono spostare 2 fiammiferi in modo che si passi da 9 a 8 triangoli unitari, oppure spostarne 3 e passare da 9 a 7, spostarne 9 e passare da 9 a 6.

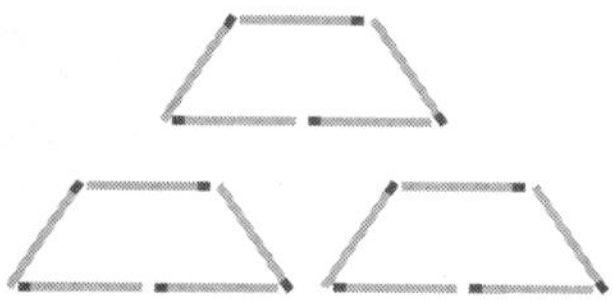

18. Costruire i tre trapezi di figura con 15 fiammiferi, e spostarli in modo da costruire una figura composta da quattro trapezi uguali a quelli dati.

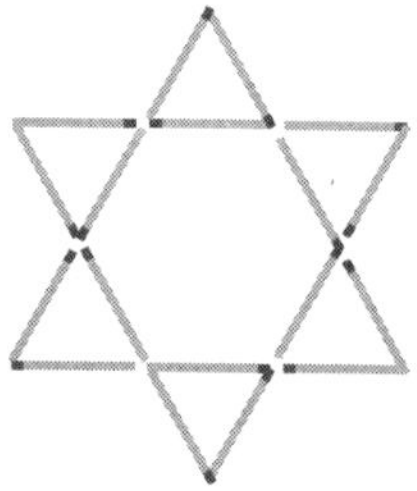

19. Diciotto fiammiferi formano il sigillo del re Salomone. Spostare due fiammiferi in modo che restino solo sei triangoli.

20. Rompere il cerchio

Uno dei più bei problemi con i fiammiferi è presentato nel film ungherese *Rompere il cerchio* (1971) di Peter Bacsó. Il protagonista lo propone a un suo amico: « Con 6 fiammiferi, dovresti costruire 4 triangoli equilateri uguali, aventi tutti un fiammifero come lato ».

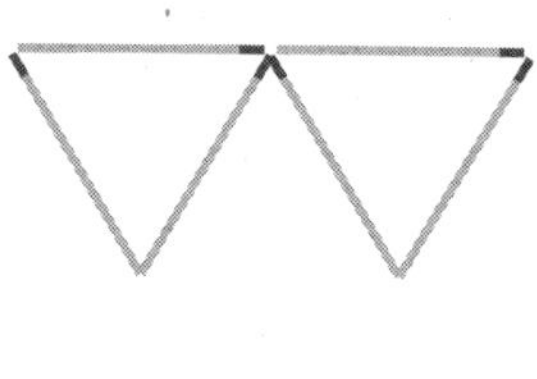

Con la disposizione di figura se ne hanno soltanto 2... non 4.

Per risolvere il problema è necessario « rompere il cerchio », andare oltre procedimenti ripetitivi e meccanici, di routine, e intuire la soluzione.

21. La ciliegia nel bicchiere

Quattro fiammiferi formano un bicchiere, al cui interno mettiamo una ciliegia. Spostare due e soltanto due fiammiferi in modo tale che la ciliegia si trovi al di fuori del bicchiere.

In figura la soluzione, che richiede però lo spostamento di tre fiammiferi.

22. Il pesce cambia direzione

Con 8 fiammiferi e una monetina si forma il pesce di figura. Si deve invertire la direzione in cui sta nuotando spostando soltanto 3 fiammiferi e la monetina.

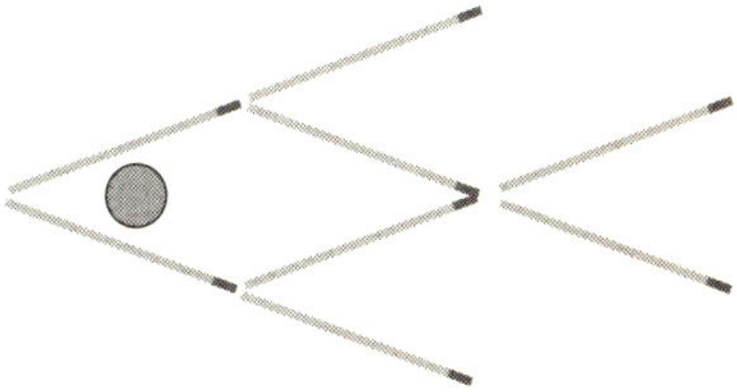

23. Fiammiferi in fila

Un bel gioco che si può fare con un numero qualsiasi di fiammiferi. Noi lo proponiamo con quattro. Si tratta di partire con tutti i fiammiferi girati dalla stessa parte, nel nostro esempio con la capocchia a sinistra. Si devono poi capovolgere tutti i fiammiferi, quindi portando le capocchie a destra, secondo la seguente regola: si devono capovolgere tre fiammiferi a ogni mossa.

24. Fiammiferi, esagoni e parallelogrammi

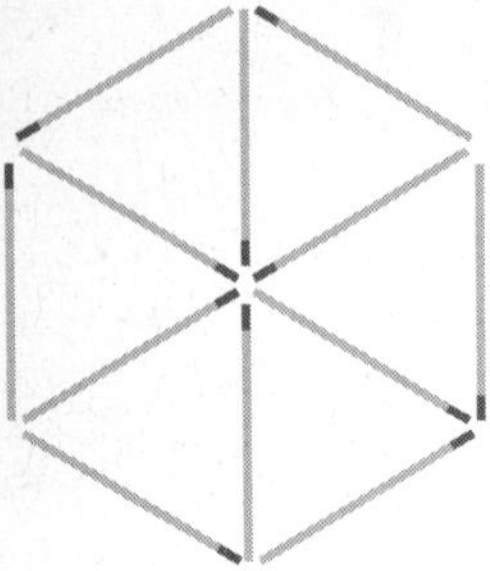

Dodici fiammiferi sono sistemati, come indicato in figura, a formare un esagono, in cui si individuano sei parallelogrammi.

Spostare quattro fiammiferi in modo che si abbiano dodici parallelogrammi, di dimensioni diverse, alcuni dei quali possono anche essere sovrapposti.

3. Fiammiferi al cinema

Alain Resnais, grande regista francese della *Nouvelle Vague*, ha messo al centro di uno dei suoi film più famosi, *L'anno scorso a Marienbad*, vincitore del Leone d'Oro a Venezia nel 1961, uno dei giochi matematici più interessanti, nato proprio con i fiammiferi. È stato Alain Robbe-Grillet, sceneggiatore del film, che aveva fatto studi matematici prima di arrivare al cinema, a portare nel film di Resnais questo gioco, insieme a simmetrie e labirinti che creano la struttura particolare del racconto cinematografico, e che ricordano i disegni fantastici di Escher. La trama: Giorgio Albertazzi è in vacanza in un grande albergo dal fascino decadente, in una località non ben precisata della Francia o della Germania. Insegue una bella signora, Delphine Seyrig, e la perseguita ripetendole in modo ossessivo: « Noi ci conosciamo già, ci siamo già amati, l'anno scorso a Marienbad ». Accanto ai due protagonisti c'è il « Giocatore », un enigmatico personaggio, probabilmente marito della bella signora, Sacha Pitoëff, che propone ad Albertazzi un gioco per il quale si dichiara praticamente invincibile: « Posso perdere – dice Pitoëff – ma vinco sempre ». Il gioco è il *Nim*, originario dell'antica Cina, che comparve per la prima volta in Europa nel Cinquecento. Il suo nome potrebbe derivare dal tedesco *nimm*, cioè *prendere*... i fiammiferi dal tavolo di gioco. Viene anche chiamato *Tac Tix* e in cinese è il *fan-tan*. Per il gioco servono gettoni, monete, sassi o carte da gioco, ma generalmente si usano fiammiferi (nel film Pitoëff usa anche le carte) disposti su diverse file.

Giorgio Albertazzi e Sacha Pitoëff in un fotogramma del film L'anno scorso a Marienbad *(1961) di Alain Resnais*

Una delle più comuni configurazioni iniziali del Nim, *con 1, 3, 5 e 7 fiammiferi disposti su quattro file*

« Ciascun giocatore può prendere quanti fiammiferi vuole – dice Pitoëff, spiegando il gioco ad Albertazzi – purché li prenda da una sola riga alla volta. Quello a cui resta l'ultimo fiammifero ha perso. » Pitoëff continua a sfidare Albertazzi a questo gioco, tra camerieri e clienti dell'albergo che li osservano perplessi, immobili come statue. L'unico movimento, che diventa ossessione, è quello del gioco. Un ospite dell'albergo osserva: « Chi fa la prima mossa vince sempre... Si deve prendere sempre un numero pari di fiammiferi... il più piccolo numero intero dispari. È una serie logaritmica. Si sceglie ogni volta una riga diversa, si divide per tre... sette per sette quarantanove ». Frammenti di un discorso volutamente oscuro (come tutto il film) che non ci aiutano certo a capire il gioco. Distratto dal fascino di Delphine Seyrig, Albertazzi non riesce a definire una strategia di gioco che gli consenta di contrastare la superiorità dell'avversario.

Un giocatore attento scopre ben presto

il vantaggio di arrivare a una configurazione 0 – 1 – 2 – 3 (nessun fiammifero sulla prima riga, uno sulla seconda, due sulla terza e tre sulla quarta) oppure a una configurazione con due righe di uguale lunghezza.

Nel primo caso, se l'avversario prosegue con 0 – 0 – 2 – 3 oppure con 0 – 1 – 2 – 2, basterà rispondere con 0 – 0 – 2 – 2 per vincere la partita. La risposta dell'avversario deve essere 0 – 0 – 0 – 2 oppure 0 – 0 – 1 – 2 e in entrambi i casi si arriva alla mossa vincente: 0 – 0 – 0 – 1 oppure 0 – 0 – 1 – 0.

Nel secondo caso basterà rispondere a ogni mossa dell'avversario in modo da avere sulle due righe sempre lo stesso numero di fiammiferi, fino ad arrivare alla configurazione 0 – 0 – 2 – 2, per la quale abbiamo appena visto come procedere.

Al di là di queste semplici considerazioni che possono derivare da una certa pratica del gioco, esiste però una strategia matematica che permette di vincere a colpo sicuro, purché sia l'avversario a fare la prima mossa. È una strategia basata sul sistema binario, scoperta alla fine dell'Ottocento da Charles Leonard Bouton, un matematico dell'università di Harvard. **A1**

Se avesse conosciuto questa semplice strategia del gioco, Albertazzi sarebbe riuscito non solo a battere l'impassibile Pitoëff, ma anche, sicuramente, a stabilire un rapporto meno malinconico e ossessivo con la bella Delphine Seyrig.

La strategia è valida anche nel caso in cui il gioco preveda che il vincitore sia il giocatore che prende l'ultimo fiammifero. Cambia soltanto il finale: si procede in modo da avere due file con lo stesso numero di fiammiferi, cercando poi di mantenerle sempre con un numero uguale di fiammiferi.

Secondo i « puristi » del *Nim*, la versione che abbiamo presentato, usata nel film di Resnais, che vede perdente il giocatore costretto a prendere l'ultimo fiammifero, viene chiamata *Marienbad*. Il nome originario *Nim* viene invece riservato alla versione che prevede come vincitore il giocatore che prende l'ultimo fiammifero.

Esistono molte altre varianti di questo gioco. La più interessante è quella proposta sessant'anni fa da Piet Hein,* il matematico noto per l'invenzione del *Cubo Soma*. Il nome originale danese di questa versione è *Bulo*, mentre in Gran Bretagna e negli Stati Uniti è nota come *Tac Tix*. Si gioca in due su una struttura 4×4, con quattro righe di quattro fiammiferi o con qualsiasi altro tipo di gettoni, in formazione quadrata o rettangolare (come in figura). I due giocatori a turno possono prendere delle pedine da una riga qualsiasi, orizzontale o verticale, purché siano adiacenti, senza spazi vuoti fra loro. Ad esempio, se un giocatore, alla prima mossa, prende le due pedine centrali della seconda riga, l'avversario non può prendere in una sola mossa le due pedine restanti della seconda riga, né le due pedine della seconda colonna sulla prima e sulla terza riga. Perde chi prende l'ultimo fiammifero.

Con la convenzione inversa, della vittoria al giocatore che prende l'ultimo fiammifero, il secondo giocatore vince sempre se gioca le mosse simmetriche a quelle del primo giocatore.

La variante del gioco con 6×6 fiammiferi su ogni riga e colonna, un po' più lunga e complicata da giocare, si chiama *Tac Tex*.

Una divertente variante del *Nim* è il *Poker Nim*. In questo caso è previsto che il giocatore, al suo turno, possa togliere fiammiferi oppure aggiungerne, utilizzando quelli tolti nelle mosse precedenti.

Il *Lasker's Nim* prevede invece che il giocatore possa spezzare una fila di fiammiferi in due file più piccole. In questo caso il giocatore dovrà aspettare il turno successivo per poter rimuovere fiammiferi.

* Federico Peiretti, *op. cit.*, cap. 13, «Piet Hein».

Otto fiammiferi in fila

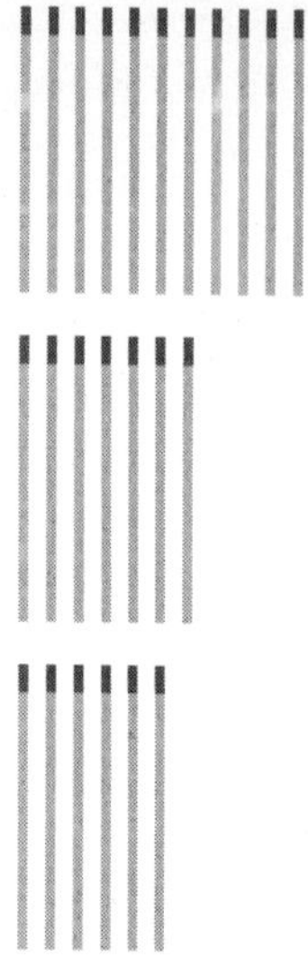

E i fiammiferi diventano un solitario.

Si parte da una configurazione di fiammiferi posti su tre file, in numero diverso.

Ad esempio, in figura, la prima fila è composta da 11 fiammiferi, la seconda da 7 e la terza da 6.

Il gioco consiste, in questo caso, nello spostare i fiammiferi da una fila all'altra in modo da ottenere tre file identiche di **otto** fiammiferi. La regola secondo la quale si possono spostare i fiammiferi è la seguente:

> a ogni fila si può aggiungere soltanto un numero di fiammiferi uguale a quelli già contenuti nella fila stessa e tutti i fiammiferi devono essere tolti da un'unica fila.

Ad esempio, se una fila contiene 5 fiammiferi, se ne potranno aggiungere soltanto altri 5, non uno in più o in meno.

Il gioco si può risolvere con un minimo di tre mosse. Quali sono queste tre mosse? La risposta a p. 31.

Si potrà poi variare il gioco cambiando il numero di fiammiferi della configurazione iniziale e di conseguenza le file e il numero di fiammiferi per ogni fila che si devono ottenere, indagando sulle leggi matematiche che possono emergere da questa indagine.

4. Risposte

Fiammiferi topologici

Con 6 fiammiferi le figure topologicamente differenti sono 19 e sono riportate in figura. Il lettore più curioso vorrà provare con 7 fiammiferi. Tenga presente che sono in tutto 39 figure.

Si viene in tal modo a costituire una successione:

1, 1, 3, 5, 10, 19, 39, 84, ...

Se qualcuno volesse tentare di ritrovare le 84 figure che si ottengono con 8 fiammiferi...

1. 6+9=15

2. 9−3=6

3+3=6

3. III+I=IV

4. VI+IV=X

V+IV=IX

5.

6. Sono necessari 8 fiammiferi, oppure un multiplo di 8.

7.

8.

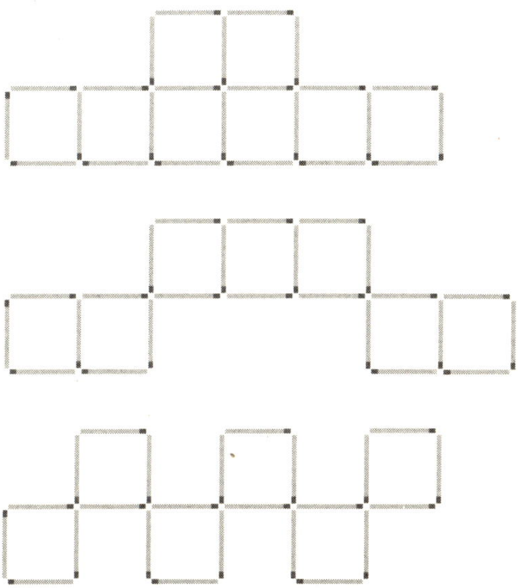

9. La divisione del quadrato 2×2 con tre fiammiferi.

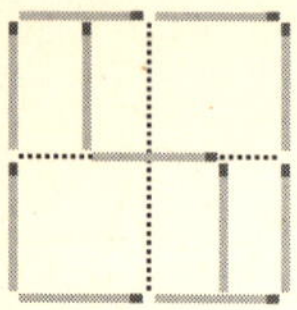

10. 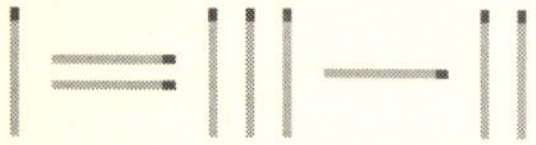

11. La divisione del quadrato 3×3 in tre parti di aree uguali, con 6 e con 7 fiammiferi.

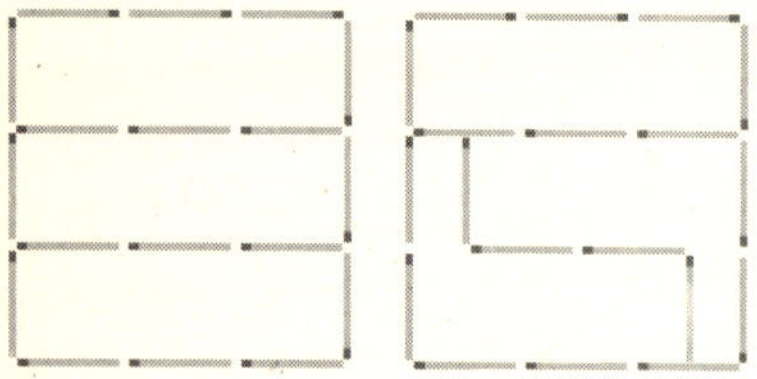

12. 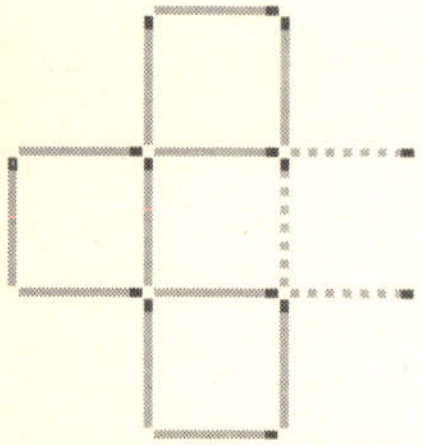

13. 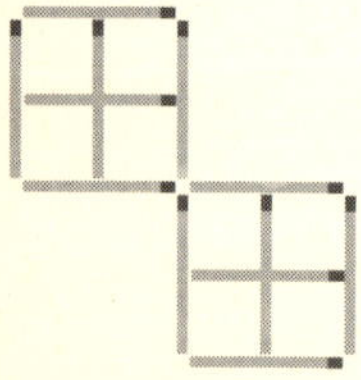

14. Riportiamo le diverse soluzioni.

Togliere o spostare i fiammiferi per ottenere i quadrati unitari richiesti.

15. Quadrati in coppia

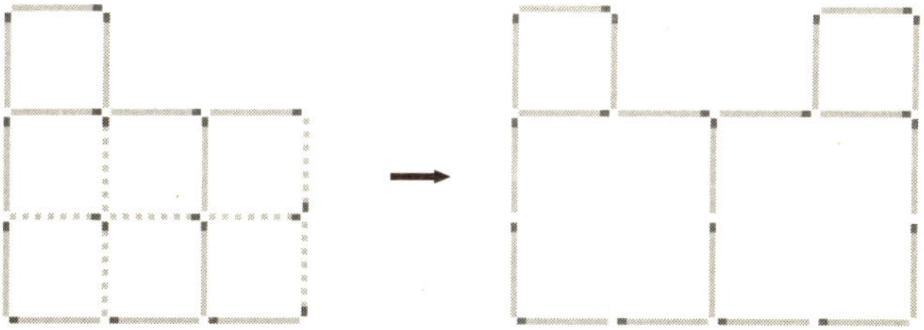

Si devono spostare i fiammiferi tratteggiati.

16. Dalla spirale ai quadrati.

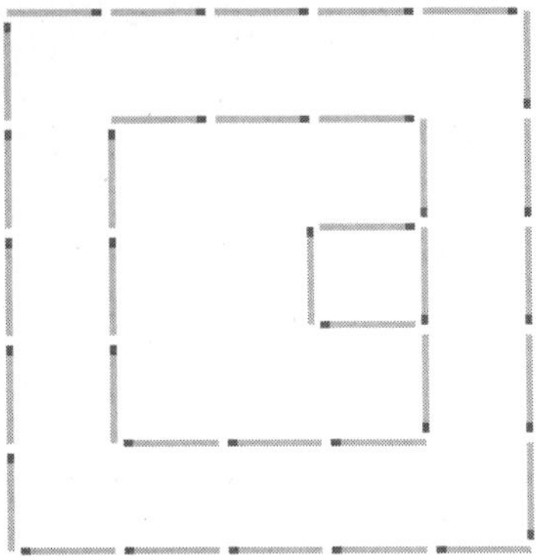

17. Togliere o spostare fiammiferi per trovare i triangoli unitari richiesti.

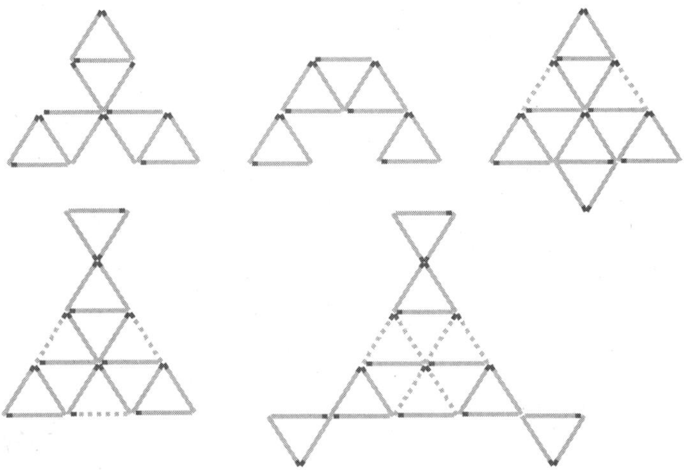

18. I quattro trapezi con i 15 fiammiferi.

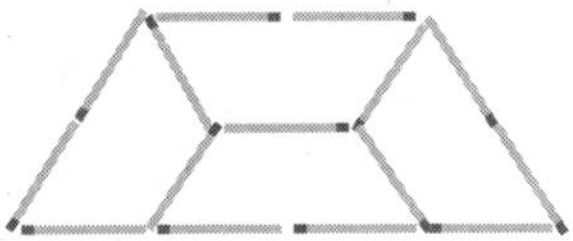

19.

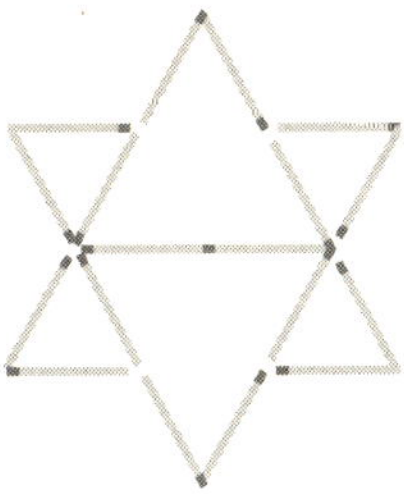

20. Rompere il cerchio

Per risolvere il problema è necessario abbandonare le due dimensioni del piano e passare alla terza dimensione. Con i 6 fiammiferi si costruisce una piramide le cui 4 facce sono i triangoli equilateri richiesti.

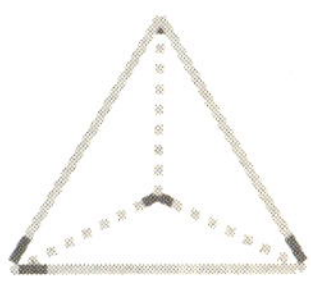

A questo punto non dovrebbe essere difficile costruire, con 12 fiammiferi, 6 quadrati uguali, aventi sempre un fiammifero come lato.

21. La ciliegia nel bicchiere

Spostare il fiammifero orizzontale a destra per metà della sua lunghezza e il fiammifero in alto a sinistra, a destra in basso.

22. Il pesce cambia direzione

Il pesce inverte la direzione spostando 3 fiammiferi.

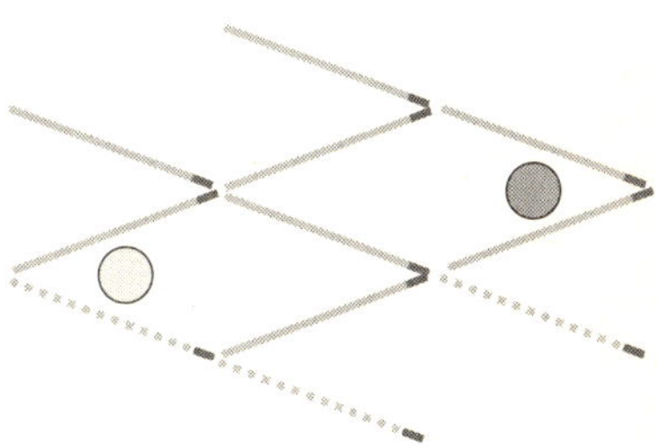

23. Invertire i fiammiferi

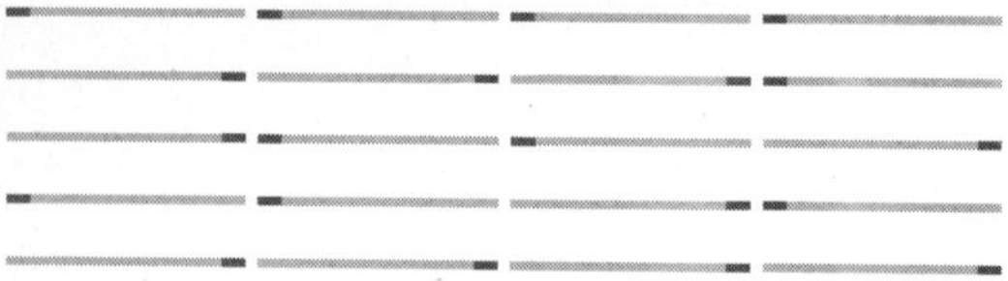

Indichiamo con S (sinistra) e D (destra) la posizione della capocchia dei quattro fiammiferi. Una possibile soluzione in quattro mosse è la seguente:

S	S	S	S
D	D	D	S
D	S	S	D
S	S	D	S
D	D	D	D

Se si cambia il numero dei fiammiferi deve cambiare naturalmente anche la regola del gioco, cioè il numero di fiammiferi da togliere a ogni mossa.

Quanti?

24. Fiammiferi, esagoni e parallelogrammi

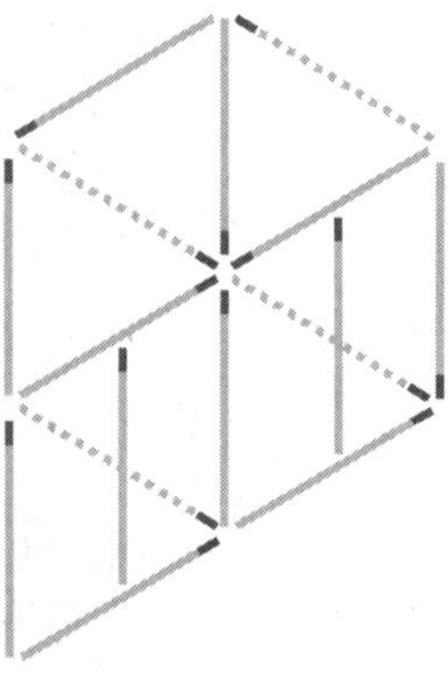

La soluzione che presentiamo è soltanto una delle molte possibili. I fiammiferi da spostare sono tratteggiati.

Otto fiammiferi in fila

Le tre mosse che risolvono il gioco sono le seguenti:

Situazione di partenza.

Prima mossa: sposto 7 fiammiferi dalla prima alla seconda fila.

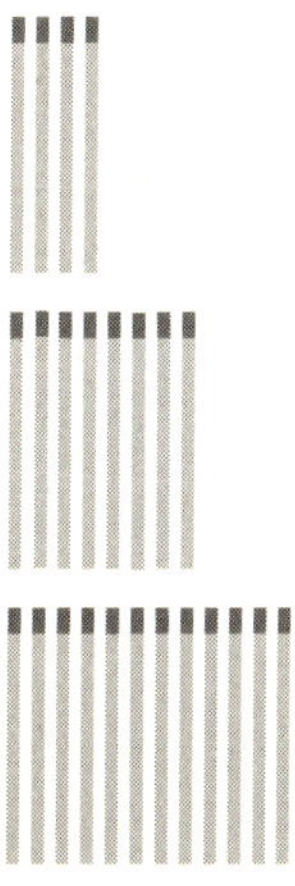

Seconda mossa: sposto 6 fiammiferi dalla seconda alla terza fila.

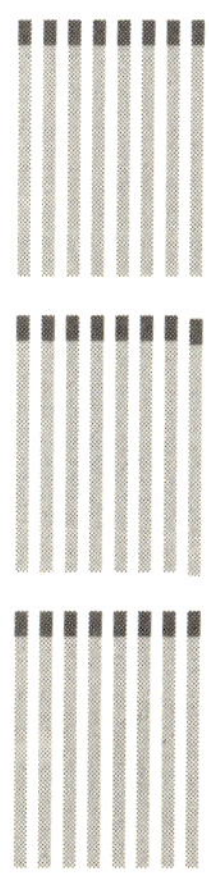

Terza mossa: sposto 4 fiammiferi dalla terza alla prima fila.

Appendice

A1 Secondo la strategia proposta da Bouton, per prima cosa si devono contare i fiammiferi di ogni fila e si trasformano poi questi numeri nel sistema binario. Anche senza conoscere il sistema in base due è sufficiente far corrispondere 1 a 1, 2 a 10, 3 a 11, 4 a 100, 5 a 101, 6 a 110, 7 a 111 e così via, secondo la tabella a fianco. Si sommano poi, secondo il sistema decimale, i numeri binari così trovati. Se le cifre della somma sono tutte uguali a zero oppure pari, la configurazione è vincente, altrimenti, se c'è anche una sola cifra dispari, è perdente. In quest'ultimo caso, si procederà con una sottrazione di fiammiferi, in modo da trasformare la configurazione in vincente. In una configurazione «dispari», lo ripetiamo, non è necessario che tutte le cifre della somma siano dispari, è sufficiente che lo sia anche una sola di queste. Le configurazioni «pari» sono quelle vincenti e quindi a ogni mossa sarà sufficiente trasformare le configurazioni «dispari» in «pari» per essere sicuri di vincere.

Sistema decimale	**Sistema binario**
0	**0**
1	**1**
2	**10**
3	**11**
4	**100**
5	**101**
6	**110**
7	**111**
8	**1000**
9	**1001**
10	**1010**

Per capire il procedimento vediamo una delle partite giocate nel film (cfr. figura a p. 34).

All'inizio si ha una configurazione vincente, infatti:

$$1 + 11 + 101 + 111 = 224$$

Per questo motivo converrà lasciare la prima mossa all'avversario. Nel nostro esempio di partita, **A**, cioè Albertazzi, con la sua mossa lascia un 2 isolato, portando in tal modo a una configurazione dispari, ovvero perdente, si ha infatti: 1 + 10 + 101 + 111 = 223.

P, cioè Pitoëff, recupera con: 1 + 10 + 101 + 110 = 222.

Poi Albertazzi torna in dispari con: 1 + 10 + 100 + 110 = 221.

E Pitoëff, con la sua risposta: 1 + 10 + 11 + 110 = 132 dimostra di non essere a conoscenza della strategia di Bouton o, almeno, di non saperla applicare correttamente e di non essere così imbattibile come pensa il povero Albertazzi, perseguitato dal *Nim* e dal suo avversario. Albertazzi sbaglia ancora, alla mossa successiva, lasciando un 2^0 non accoppiato, e quindi con una somma dispari, 123. Pitoëff può così recuperare, per finire poi con l'ultimo fiammifero ad Albertazzi.

L'esempio di figura può chiarire le idee. La somma dei fiammiferi sulle tre file è 132. La cifra dispari 3 ci segnala che la configurazione di sinistra è perdente e possiamo trasformarla in vincente sottraendo sei fiammiferi dalla terza fila. In questo modo infatti la somma diventa 22, con le cifre tutte pari.

In chiusura del gioco, per vincere, sarà sufficiente lasciare un numero dispari di file con un solo fiammifero.

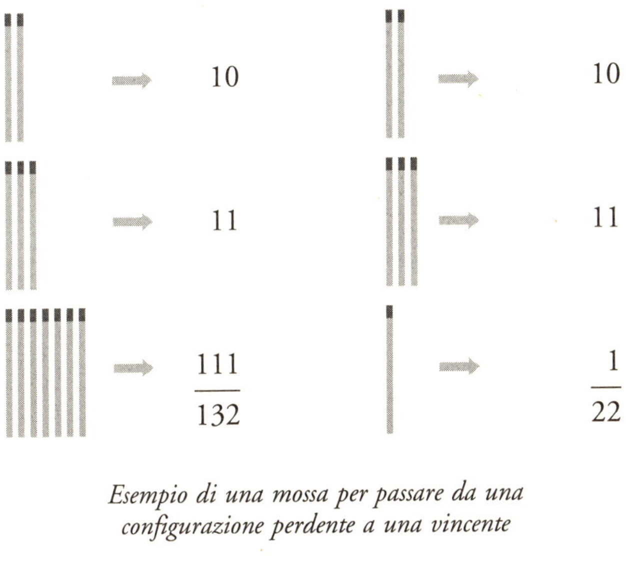

Esempio di una mossa per passare da una configurazione perdente a una vincente

0)		1 2^0	3 $2^1 + 2^0$	5 $2^2 + 2^0$	7 $2^2 + 2^1 + 2^0$	1 + 11 + 101 + 111 = 224
1)	**A**	1 2^0	2 2^1	5 $2^2 + 2^0$	7 $2^2 + 2^1 + 2^0$	1 + 11 + 101 + 111 = 223
	P	1 2^0	2 2^1	5 $2^2 + 2^0$	6 $2^2 + 2^1$	1 + 10 + 101 + 110 = 222
2)	**A**	1 2^0	2 2^1	4 2^2	6 $2^2 + 2^1$	1 + 10 + 100 + 110 = 221
	P	1 2^0	2 2^1	3 $2^1 + 2^0$	6 $2^2 + 2^1$	1 + 10 + 11 + 110 = 132
3)	**A**	1 2^0	2 2^1	3 $2^1 + 2^0$	5 $2^2 + 2^0$	1 + 10 + 11 + 101 = 123
	P	1 2^0	1 2^0	3 $2^1 + 2^0$	6 $2^2 + 2^1$	1 + 1 + 11 + 101 = 114
4)	**A**	1 2^0	1 2^0	3 $2^1 + 2^0$	2 2^1	1 + 1 + 11 + 10 = 23
	P	1 2^0	1 2^1	2 2^1	2 2^1	1 + 1 + 10 + 10 = 22
5)	**A**	1 2^0	0	2 2^1	2 2^1	1 + 0 + 10 + 10 = 21
	P	1 2^0	0	2 2^1	1 2^0	1 + 0 + 10 + 1 = 12
6)	**A**	1 2^0	0	0	1 2^0	1 + 0 + 0 + 1 = 2
	P	1 2^0	0	0	0	1 + 0 + 0 + 0 = 1

Una delle partite di Albertazzi

Per saperne di più

Martin Gardner, *Circo matematico*, pp. 17-30, Sansoni, Firenze, 1981.

Giochi con fiammiferi:
http://www.matematicamente.it/giochi_e_gare/fiammiferi/

http://www.enigmistica.org/giochi-con-fiammiferi-o-giochi-con-stuzzicadenti.html

Match puzzles in rete:
http://www.cyffredin.co.uk/Matches%20on%20the%20web
/Index%20Match%20Puzzles%20and%20Activities.htm

http://www.jimloy.com/puzz/match.htm

http://www.puzzles.com/puzzleplayground/Matches.htm

Match puzzles interattivi:
http://www.zefrank.com/matches/index2.html

Una accurata presentazione del *Nim*:
http://www.recreomath.qc.ca/dict_nim.htm

La sequenza del *Nim* in *L'anno scorso a Marienbad*, su YouTube:
http://www.youtube.com/watch?v=Qd3UReES_QI&feature=related

Il *Nim* on line:
http://marienbad.tripalbum.net/

Il *Tac Tix* on line:
http://thinks.com/java/tactix/tactix.htm

2
PACIOLI, ARTE E MATEMATICA PER DILETTO

Gli effecti della matematica, siano essi conclusioni teoriche che applicazioni pratiche, sono divini, extranaturali e sopranaturali, suscitano quindi meraviglia, stupore e sbalordimento nelle brigate.

Luca Pacioli

1. Pacioli, protagonista del Rinascimento

Luca di Bartolomeo de' Pacioli (1445-1517), noto anche come «Paciolo» o «Luca del Borgo», amico di Piero della Francesca e di Leonardo, è stato uno dei protagonisti del Rinascimento. Forse non è stato un grande matematico, ma a lui va il merito di aver saputo suscitare un nuovo interesse per la matematica, con un ottimo lavoro, come vedremo, anche di divulgazione.

Pacioli era nato in Toscana, a Borgo Sansepolcro, la stessa cittadina in cui era nato Piero della Francesca (1415 ca-1492), il padre della prospettiva, che fu prima suo maestro e poi grande amico. Di famiglia non agiata, Pacioli per finanziare i suoi studi si fece assumere come precettore dei tre figli di Antonio Rompiasi, un ricco mercante di Venezia, che all'epoca era uno dei più importanti centri commerciali e culturali. In questo modo iniziò la sua formazione avendo a disposizione illustri docenti universitari e un ambiente ricco di stimoli intellettuali. Durante il soggiorno veneziano Pacioli scrisse un testo di aritmetica dedicato ai tre figli di Rompiasi. Attorno al 1470 ritornò a Borgo Sansepolcro per rivedere Piero della Francesca. Successivamente si spostò a Roma, dove visse per diversi mesi nella casa di Leon Battista Alberti, un altro protagonista del Rinascimento, matematico, scrittore, musicista e architetto di gran valore. A Roma, Pacioli iniziò i suoi studi di teologia ed entrò nell'ordine francescano, avviando poi la carriera di docente di matematica, dapprima all'università di Perugia e successivamente in diverse altre città italiane, Siena, Zara, Firenze, Bologna, Roma, Napoli e Urbino. Ebbe così modo di frequentare le corti e gli ambienti più colti di ogni città, accolto ovunque come ospite gradito e prestigioso, specialmente dopo aver pubblicato nel 1494 la sua opera più nota, la *Summa de arithmetica, geometria, proportioni e proportionalità*. Si tratta di una vera e propria enciclopedia matematica, scritta in lingua volgare, ma con un curioso miscuglio di parole italiane, greche e latine.

Il periodo trascorso a Milano, alla corte di Ludovico il Moro, è stato particolarmente importante per Pacioli. Incontrò infatti Leonardo da Vinci, che dal 1482 era al servizio di Ludovico come pittore e ingegnere. E fu proprio Leonardo, insieme a Piero della Francesca, a stimolare Pacioli nella sua ricerca tra arte e matematica. Pacioli trasse spunto dalle loro esperienze per i suoi studi e per una delle sue opere più belle, *De divina proportione*, dedicata alla sezione aurea.

Nel 1498 Luigi XII diventò re di Francia e, come discendente del primo duca di Milano, reclamò la sovranità del ducato. Pacioli e Leonardo fuggirono insieme, tre mesi dopo la conquista francese di Milano, e si rifugiarono dapprima a Mantova, ospiti di Isabella d'Este (per la quale Pacioli scrisse il trattato *De ludo scachorum*, il cui manoscritto, introvabile per cinquecento anni, è stato riconosciuto nel 2006 dal bibliofilo Duilio Contin tra i libri della Fondazione Coronini Cronberg di Gorizia), per ritornare poi a Firenze, dove rimasero fino al 1506.

Nel 1509 Pacioli pubblicò a Venezia una traduzione latina degli *Elementi* di Euclide. Dopo un breve soggiorno romano, fece infine ritorno a Borgo Sansepolcro, dove si spense nel 1517, lasciando incompiuta l'ultima opera, *De viribus quantitatis*, che ci interessa in modo particolare perché si tratta di un'ampia raccolta di giochi, problemi divertenti e proverbi alla quale collaborò anche Leonardo.

Pacioli inserì nei suoi libri intere parti dei lavori di altri matematici, come lui stesso ebbe occasione di dichiarare, non sempre citando la fonte e venendo per questo, riteniamo ingiustamente, accusato di plagio. In realtà fu un bravissimo divulgatore della matematica, considerata non solo come pura speculazione astratta, bensì come strumento per la soluzione dei problemi. In particolare seppe portare a un pubblico più ampio le idee di Piero della Francesca, che in parte riprese, e che scritte in volgare ebbero sicuramente una diffusione maggiore delle opere originali, scritte ancora in latino.

2. Pacioli matematico

Pacioli è l'autore del primo trattato di aritmetica e algebra in lingua volgare, uno dei primi testi a stampa, la già ricordata *Summa de arithmetica, geometria, proportioni et proportionalità*, in cui enuncia per la prima volta il concetto di partita doppia ovvero del «metodo veneziano», che in pratica richiede di tener conto sia dei debiti sia dei crediti. È per questo universalmente riconosciuto come il primo sistematico teorico di un metodo contabile, l'iniziatore della ragioneria e il precursore dell'economia aziendale, affermatasi poi nell'Ottocento. Ne era diventato esperto grazie al suo soggiorno giovanile a Venezia dove, attraverso i rapporti con i grandi matematici e i mercanti della città, aveva avuto modo di apprendere e praticare le idee più innovative della matematica finanziaria, frequentando in particolare la Scuola di Rialto e le lezioni di Domenico Bragadino, pubblico lettore di matematica. Il suo libro più famoso è il *De divina proportione*, dedicato al numero d'oro e realizzato in collaborazione con Leonardo, il quale lo arricchì con le sue celebri incisioni.

L'opera che mette maggiormente in evidenza le sue grandi qualità di divulgatore matematico è il *De viribus quantitatis*, il suo ultimo lavoro, giunto a noi ancora manoscritto, al quale lavorò tra gli ultimi anni del Quattrocento e il 1508. È il libro dei giochi di Pacioli, in parte ripresi da lavori precedenti. Ritroviamo anche i problemi e gli indovinelli dei quaderni di Leonardo, con il quale sicuramente collaborò per inventare molti dei suoi divertimenti matematici. Il libro contiene giochi numerici e geometrici, indovinelli, giochi di prestigio, proverbi, poesie e ricette. È un libro di svago e passatempo dal quale abbiamo tratto alcuni esempi per mettere in evidenza gli aspetti di gioco nell'attività poliedrica di Pacioli.

Nella *Summa*, a conclusione della sezione dedicata alle moltiplicazioni, Pacioli si occupa di prodotti particolari, curiosi, e spiega come sia possibile ottenere come risultato del prodotto di due numeri, un numero composto da sei o dodici cifre tutte uguali: « De doi numeri che, multiplicato l'uno in l'altro, sempre farà la summa del producto le figure che voli ».

Pacioli considera il caso di numeri di sei cifre, proponendosi di ottenere come risultato

111111 oppure **222222**, **333333**, **444444**, **555555**, **666666**, **777777**, **888888**, **999999**

Parte per questo dal prodotto

$$777 \times \mathbf{143} = \mathbf{111111}$$

Se moltiplichiamo uno dei due fattori per 2, 3, 4, 5, 6, 7, 8, 9 otteniamo i seguenti risultati:

$$777 \times (143 \times 2) = 777 \times \mathbf{286} = 111111 \times 2 = \mathbf{222222}$$
$$777 \times (143 \times 3) = 777 \times \mathbf{429} = 111111 \times 3 = \mathbf{333333}$$
$$777 \times (143 \times 4) = 777 \times \mathbf{572} = 111111 \times 4 = \mathbf{444444}$$
$$777 \times (143 \times 5) = 777 \times \mathbf{715} = 111111 \times 5 = \mathbf{555555}$$
$$777 \times (143 \times 6) = 777 \times \mathbf{858} = 111111 \times 6 = \mathbf{666666}$$
$$777 \times (143 \times 7) = 777 \times \mathbf{1001} = 111111 \times 7 = \mathbf{777777}$$
$$777 \times (143 \times 8) = 777 \times \mathbf{1144} = 111111 \times 8 = \mathbf{888888}$$
$$777 \times (143 \times 9) = 777 \times \mathbf{1287} = 111111 \times 9 = \mathbf{999999}$$

Pacioli prosegue poi con la ricerca dei numeri che chiama « tramezzati », cioè del tipo seguente, pensando a numeri di sei cifre:

121212, 232323, 343434, 454545, ecc.

Come metodo, per raggiungere questo risultato, Pacioli suggerisce di considerare un numero di decine pari al doppio del numero che si vuole ripetuto (ad esempio, $12 \times 10 + 12$), aggiungere ancora tale numero (12) e moltiplicare il risultato per il numero fisso 481.

In pratica sarà quindi sufficiente moltiplicare il numero che si vuole ripetuto per $(2 \times 10 + 1) \times 481 = 10.101$.

Quelli che seguono sono i numeri «tramezzati» di sei cifre:

$$12 \times 10101 = \mathbf{121212}$$
$$23 \times 10101 = \mathbf{232323}$$
$$34 \times 10101 = \mathbf{343434}$$
$$58 \times 10101 = \mathbf{585858}$$
$$\dots$$

3. La *Divina proportione*

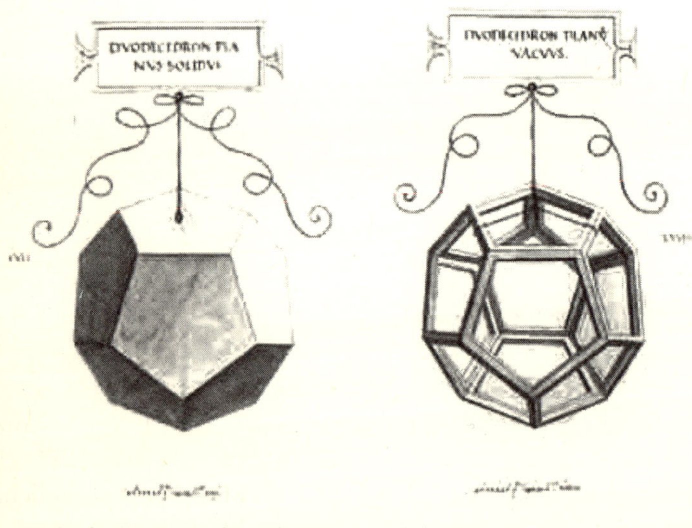

Leonardo da Vinci, Dodecaedro piano solido *e* Dodecaedro piano vacuo, *per il* De divina proportione *di Luca Pacioli. Il dodecaedro era, per Platone, la forma usata dalle divinità «per ricamare le costellazioni del cielo»*

Dall'amicizia e dalla collaborazione fra Pacioli e Leonardo nacque un libro straordinario dedicato alla sezione aurea, il *De divina proportione.*

La sezione aurea è il numero della bellezza, dell'armonia e della perfezione. È molto facile determinarla graficamente.

È sufficiente considerare un segmento qualsiasi AB e dall'estremo B tracciare un segmento OB perpendicolare ad AB, di lunghezza AB/2. Tracciamo poi la circonferenza di raggio OB e centro O. Se tracciamo la retta passante per A e per O, questa taglierà la circonferenza in D.

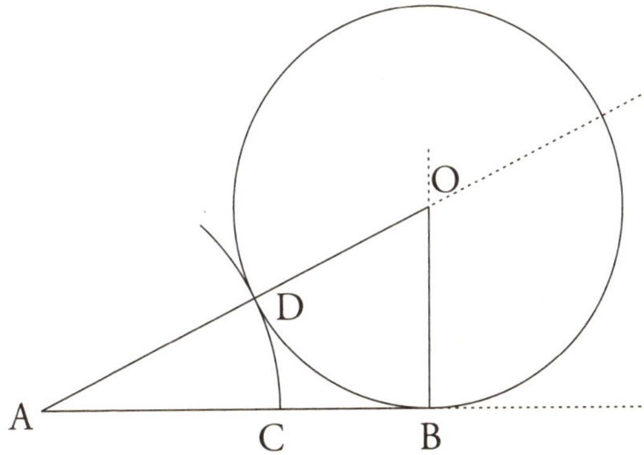

Da questa costruzione si ricava la proporzione:

$$AB : AC = AC : CB$$

Il segmento medio proporzionale AC tra l'intero segmento AB e la parte rimanente CB è la sezione aurea. Da questa deriva il « numero d'oro », sovente indicato con la lettera φ, in onore dello scultore greco Fidia, che lo usò nelle sue opere, come rapporto tra l'intero segmento e la sua sezione aurea, AB/AC = 1,6180339887... Un numero irrazionale, con infinite cifre decimali, non periodiche.

Il numero d'oro, valore approssimato 1,618, è un numero che ritroviamo ovunque e che meriterebbe una presentazione ben più ampia. Non basterebbero le pagine di questo libro, ma noi ci limiteremo ad alcuni cenni invitando il lettore ad approfondire l'argomento.

Per prima cosa dobbiamo presentare il rettangolo aureo, cioè il rettangolo che ha come dimensioni un segmento e la sua sezione aurea.

Riportiamo il rettangolo aureo, in riferimento alla costruzione della pagina precedente.

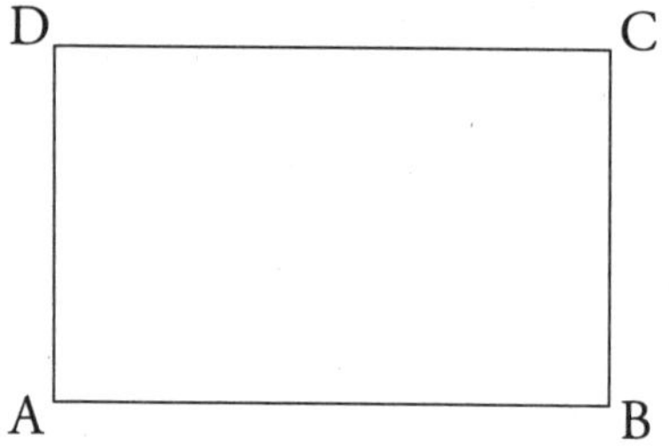

Ci sono molti altri modi per arrivare al numero d'oro.

Ad esempio:

$$\varphi = \sqrt{1+\sqrt{1+\sqrt{1+\sqrt{1+\sqrt{1+\sqrt{1+\ldots}}}}}}$$

oppure

$$\varphi = 1+\cfrac{1}{1+\cfrac{1}{1+\cfrac{1}{1+\cfrac{1}{1+\cfrac{1}{1+\cfrac{1}{1+\ldots}}}}}}$$

Abbiamo due espressioni in cui compare soltanto il numero 1. Quanto più proseguiamo queste operazioni, tanto più ci avvicineremo al numero d'oro.

Il numero d'oro nasce anche dal pentagono, come rapporto fra una sua diagonale e un suo lato: AD/DE = 1,618...

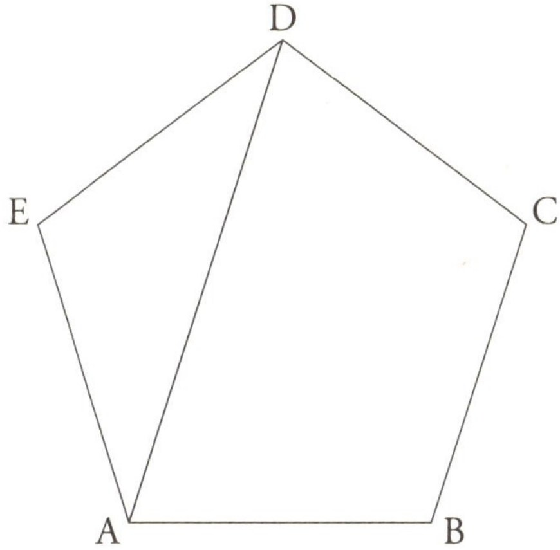

Quello che ci sorprende è la presenza del numero d'oro in mille situazioni, nella natura e nell'arte.

Nel Partenone, il più famoso tempio greco, si trovano molti rettangoli aurei di varie dimensioni. Nel corpo umano diversi rapporti riconducono al numero d'oro. Ad esempio, secondo i canoni della bellezza dell'Antica Grecia, il volto dovrebbe essere incorniciato in un rettangolo aureo, e sempre il numero d'oro dovrebbe essere il rapporto tra l'altezza del corpo umano e l'altezza dell'ombelico da terra, la lunghezza dell'avambraccio e della mano e così via con molti altri rapporti, tutti da scoprire. In natura, animali, fiori, foglie, alberi, nascondono in sé il numero d'oro.

Alcuni rettangoli aurei della Gioconda. *I riferimenti alla sezione aurea sono presenti in molte opere di Leonardo, che dichiarò più volte questo collegamento*

4. Giochi e magie matematiche

Il libro che più ci interessa per questo nostro lavoro è il *De viribus quantitatis*, ovvero « La forza dei numeri », scritto tra il 1496 e il 1508. È diviso in tre parti. La prima, dedicata all'aritmetica, è una raccolta di problemi divertenti, giochi e trucchi magici, che sfruttano le proprietà dei numeri, allora come oggi sconosciute alla maggior parte delle persone. Vi si trovano anche diversi trucchi di magia realizzati attraverso i numeri e ancora oggi usati dai « maghi matematici ». La seconda parte è dedicata alla geometria e la terza, intitolata « De documenti morali utilissimi », raccoglie poesie e proverbi, ripresi in parte dagli appunti di Leonardo. Il tutto, come scrive Pacioli, « per dar dilecto alla brigata ».

La magia del 100

Una persona pensa un numero e gli dimostriamo che arriva sempre a 100. Come possiamo fare?

Gli dobbiamo dire di moltiplicare il numero pensato per 5, poi per 4, dividendo successivamente il risultato ottenuto per il numero pensato. Infine moltiplichiamo il nuovo risultato per 5. « E sempre averà 100 a ponto in mano », dice Pacioli, qualsiasi numero abbia pensato in partenza. Com'è possibile?

Non è difficile scoprire il motivo per cui si arriva sempre a 100. Se indichiamo con n il numero pensato è sufficiente impostare una semplicissima equazione:

$$\frac{n \cdot 5 \cdot 4}{n} \cdot 5 = 100$$

Indovina la carta

Presentiamo a una persona un certo numero di carte e la invitiamo a sceglierne una, tenendola a mente. Vogliamo sapere quale carta ha scelto.

Disponiamo le carte ordinandole su più file, 3 o 4 ad esempio, e chiediamo in quale fila si trova la carta che ha pensato. Teniamo in mente la fila che ha scelto e riprendiamo in ordine tutte le carte. Rimettiamole ancora giù, ma con « li fili rivoltati », cioè se prima erano file orizzontali ora rimettiamole in verticale. Chiediamo ancora in quale fila si trova la carta pensata e, quando ci avrà risposto, ripensiamo a quale fila appartenevano le carte che ci aveva indicato con la prima risposta. La carta che si trova anche nella fila indicata ora è quella pensata, « e mai po' falir ». La spiegazione è molto semplice, anche se il gioco è di sicuro effetto. Quando la persona ci ha indicato le due file, cioè riga e colonna, abbiamo in pratica le coordinate della carta che stiamo cercando, il punto in cui si trova.

Vediamo un esempio, con 12 carte, disposte su tre file di 4 carte.

Nel caso in cui la persona abbia scelto il 5 di quadri, avrà risposto seconda fila alla prima domanda e terza fila alla seconda. Abbiamo così le coordinate della carta pensata.

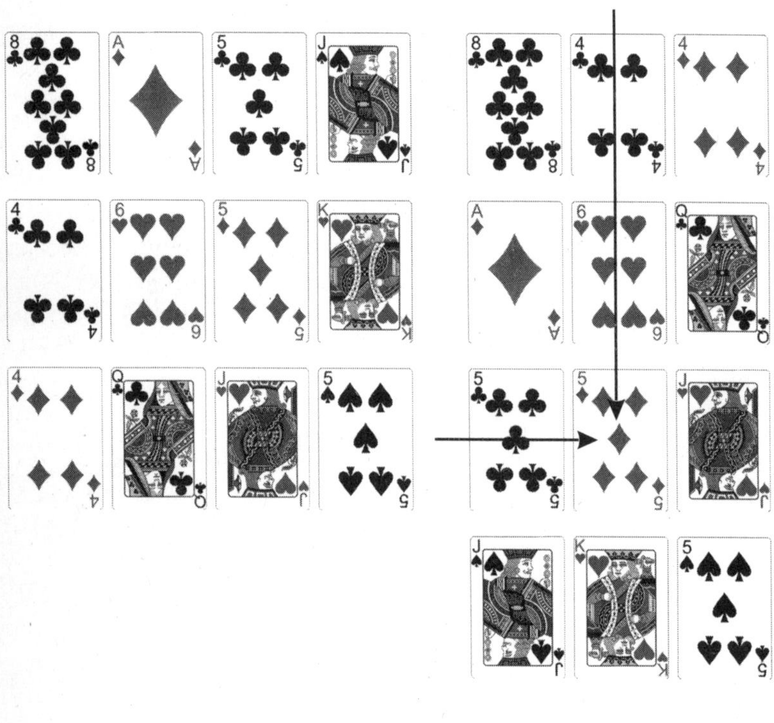

Una magia numerica

Vediamo la proposta di Pacioli per una « magia aritmetica ».

Si tratta di dividere il numero in due parti e ritrovarle poi per divertimento ovvero, come dice Pacioli, « per questo molti piaceri formare effecto ».

Il gioco richiede un presentatore, il « mago » e due volontari ai quali sottoporre il gioco.

Viene dato un numero n, noto quindi a tutti, con l'invito ai due partecipanti al gioco di dividerlo in due parti, x e y, che non vengono comunicate al presentatore, e i partecipanti sono invitati a ricordare ognuno un numero, corrispondente a una delle due parti. Il presentatore afferma di poterle indovinare, trovando « per un miglior effetto » le due parti come quoto e resto di una divisione.

Ai partecipanti si richiede di eseguire una serie di operazioni che hanno il compito di rendere oscuro il procedimento.

Questi sono i vari passaggi, con le operazioni che i partecipanti devono eseguire:

- moltiplicare il numero n per il numero stesso aumentato di 1;
- il primo partecipante tolga al risultato così ottenuto il doppio del suo numero, cioè della parte che deve ricordare, x;
- il secondo partecipante al nuovo risultato tolga il suo numero y, moltiplicato per n.

Se si divide il risultato così ottenuto per $n - 1$, il numero dato all'inizio meno 1, si ottiene come risultato la prima parte del numero e la seconda parte sarà il resto di questa divisione. Come si spiega il trucco? La soluzione in **A1**.

I quadrati magici di Pacioli

Nella prima parte del *De viribus quantitatis* Pacioli presenta alcuni *quadrati magici*, che un tempo avevano un grande valore. Molti ritenevano che procurassero fortuna al gioco, negli affari, in amore e che fossero anche un'ottima protezione contro le malattie.

Uno dei più famosi è sicuramente quello che compare nell'incisione di Dürer, *Melencolia I.* Il celebre artista e matematico tedesco avrebbe incontrato Pacioli durante un suo viaggio in Italia e avrebbe preso da lui l'idea del quadrato magico, il quadrato dedicato a Giove, presente nel *De viribus quantitatis.*

È il quadrato magico di ordine quattro, cioè costruito con i primi 4×4 numeri, con somma costante uguale a 34 su righe, colonne e diagonali del quadrato.

16	**3**	**2**	**13**
5	**10**	**11**	**8**
9	**6**	**7**	**12**
4	**15**	**14**	**1**

Ma questo non è l'unico quadrato presentato da Pacioli.

Egli studiò, ad esempio, il quadrato dedicato a Marte, un quadrato 5×5, con somma costante su righe, colonne e diagonali uguale a 65.

14	**10**	**1**	**22**	**18**
20	**11**	**7**	**3**	**24**
21	**17**	**13**	**9**	**5**
2	**23**	**19**	**15**	**6**
8	**4**	**25**	**16**	**12**

Sono quadrati dalle caratteristiche straordinarie che invitiamo il lettore a scoprire, ricostruendo la storia di queste particolari configurazioni numeriche.

Gli anelli cinesi

L'origine di questo gioco dovrebbe essere cinese e il primo a farlo conoscere in Occidente è stato proprio Pacioli che lo ha presentato nel *De viribus quantitatis.* È noto come gli *Anelli cinesi*, *Baguenaudier* in Francia e come gli *Anelli di Cardano* in Italia, dal nome del matematico che lo pubblicò nel 1550 in un suo libro, il *De subtilitate.*

Si devono liberare gli anelli dalla barretta che li unisce. Il gioco si trova in molti negozi di giochi per i grandi. A fine capitolo, il link di YouTube per la soluzione.

5. Problemi divertenti

Vediamo alcuni problemi divertenti presentati da Pacioli. Per la maggior parte li abbiamo riportati in un italiano più vicino a quello moderno.

1. Il travaso del vino

È un classico dei problemi divertenti, che si ritrova in epoche diverse più o meno sempre uguale. È impossibile sapere chi sia stato il primo a proporlo. La versione che presenta Pacioli è la più semplice e la più nota.

Due persone devono dividersi il vino contenuto in una botte da 8 *some*,* in modo da averne 4 *some* ciascuno, e non hanno altre misure o strumenti per poterlo dividere se non due altre botti vuote, una da 5 *some* e l'altra da 3 *some*. Si chiede come potranno dividerlo in parti uguali. La soluzione migliore sarà naturalmente quella che richiede il minor numero di travasi.

2. I ducati del mercante

Un mercante spese un quarto di quanto aveva a Pisa e un quinto a Venezia. Successivamente, dopo aver ricevuto da un debitore 180 ducati,** la somma da lui posseduta era di 224 ducati. Qual era la somma iniziale posseduta dal mercante?

* La *soma* è un'unità di misura non più in uso che era diversa da città a città. Possiamo tranquillamente sostituirla con il *litro* e calcolare come sia possibile dividere 8 litri di vino con le condizioni poste dal problema.

** Il *ducato* d'oro corrispondeva al valore di 3,44 grammi d'oro a 24 carati.

3. I castelli e le fontane

Ci sono tre castelli A, B e C che devono essere collegati alle rispettive fontane, A con D, B con E e C con F.

Si devono tracciare tre strade che non si incrocino.

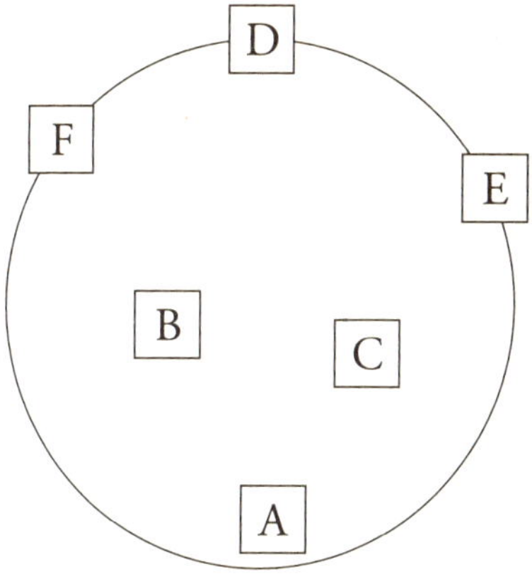

4. Raddoppiare il capitale

Ogni quantità a tanto per 100 l'anno, in quanti anni sarà tornata doppia tra utile e capitale?

Come primo esempio, si calcoli un interesse del 6 per cento all'anno.

5. Divisione di un numero in due parti

Fare due parti di 12 tali che il risultato della divisione della parte più grande per quella più piccola, sommato con la parte più piccola sia uguale a 6.

6. Il trasporto della biada

Un tale ha 100 misure* di biada che deve trasportare a 10 miglia

* *Misura* di biada era la quantità giornaliera di biada che si dava a un cavallo. Una quantità che variava da regione a regione, e anche da città a città.

di distanza. Trova una persona che è disposta a trasportargliele a queste condizioni: si impegna a trasportare 10 misure per volta, ma il cavallo che le trasporta deve ricevere una misura di biada per ogni miglio. Pacioli chiede in che modo si può organizzare il trasporto affinché il cavallo non consumi tutta la biada e quante misure resteranno alla fine del trasporto.

7. Tre navi per il grano

Un mercante carica 90 misure di grano su tre navi, 30 per nave. E deve attraversare 30 dogane, per ognuna delle quali deve versare una misura di grano per nave. Egli riesce ad attraversarle tutte pagando il pedaggio e avanza 25 denari. Come ha fatto se trasportò il grano tutto in una volta?

8. Le mele dei due compagni

Due hanno raccolto delle mele in un giardino. Uno ne ha raccolte tante che se ne desse una al compagno, questo ne avrebbe il doppio di quante ne ha lui. Se il compagno ne desse una a lui, ne avrebbero tanto l'uno quanto l'altro. Chiedo quante mele raccolsero ciascuno.

9. La contadinella al mercato

Una contadinella va al mercato per vendere delle uova, ma dei «giocatori di palla» gliele rompono tutte. La donna fa denuncia per essere risarcita e viene riconosciuto il suo diritto al risarcimento. «Quante erano le uova?» chiede il giocatore responsabile del danno. La donna dice di non ricordarlo, ma sa che contandole a 2 a 2 le avanzava un uovo, contandole a 3 a 3 gliene avanzava uno, a 4 a 4 gliene avanzava uno, a 5 a 5 gliene avanzava uno, a 6 a 6 gliene avanzava sempre uno e a 7 a 7 non gliene avanzava più nessuno. Si chiede quante fossero le uova.

10. Un secondo cesto di uova rotte

Un'altra donna porta un altro cesto di uova per venderle al mercato e le vengono rotte. Chi le ha rotte si offre di pagargliele. Chiede alla donna quante fossero, ma lei dice di non saperlo. Ma contandole a 2 a 2 ne avanzava uno, contandole a 3 a 3 ne avanzava 2, contandole a 4 a 4 ne avanzava 3, contandole a 5 a 5 ne avanzava 4, contandole a 6 a 6 ne avanzava 5 e contandole a 7 a 7 erano giuste, cioè non avanzava nessun uovo. Si chiede quante erano le uova. Sappi che questo problema è più difficile del precedente e dirai che le uova erano 119. Verifica il risultato e vedrai che è corretto.

11. Tre contadinelle al mercato

Ancora un problema di uova. Tre contadinelle vanno al mercato, una con 10 uova, un'altra con 20 e la terza con 30. Vendono le uova allo stesso prezzo e alla fine guadagnano tutte le stesse monete. Chiedo se è possibile e, se è possibile, come hanno fatto.

Un aiuto, che però Pacioli non ci dà: le uova si possono vendere in momenti diversi a prezzi diversi.

12. Tagliare la stoffa

Se qualcuno ti dà una pezza di stoffa lunga 24 braccia* e larga 8, e ti chiedesse di farne soltanto due pezzi, senza scartare nulla, in modo che cucendoli insieme la pezza sia lunga 32 braccia e larga 6, come fai?

Esistono diverse soluzioni. Per trovare le più semplici consigliamo di disegnare il rettangolo 24×8 su un foglio a quadretti, con un quadretto corrispondente a un « braccio », tagliando poi il rettangolo in modo opportuno.

* Il *braccio* corrispondeva a circa 60 centimetri.

6. Risposte

1. Il travaso del vino

recipiente da 8 litri	recipiente da 5 litri	recipiente da 3 litri
8	0	0
5	0	3
5	3	0
2	3	3
2	5	1
7	0	1
7	1	0
4	1	3
4	4	0

2. I ducati del mercante

80 ducati.

3. I castelli e le fontane

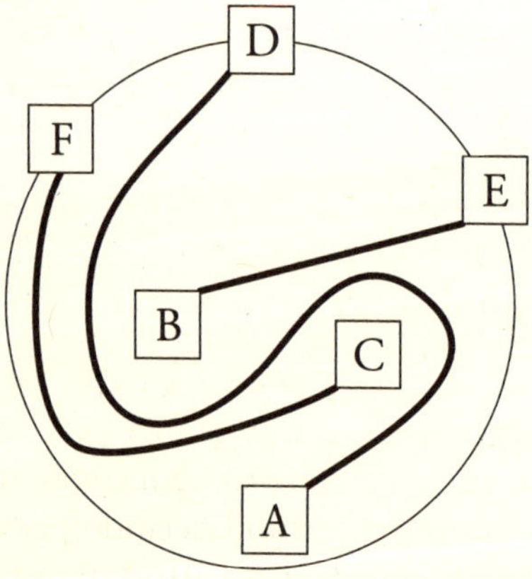

4. Raddoppiare il capitale

Vediamo la soluzione proposta da Pacioli.

«A voler sapere ogni quantità a tanto per 100 l'anno, in quanti anni sarà tornata doppia tra utile e capitale, tieni per regola 72, a mente, il quale sempre partirai per l'interesse, e quello che ne viene, in tanti anni sarà raddoppiato. Esempio: Quando l'interesse è a 6 per 100 l'anno, dico che si parta 72 per 6; ne vien 12, e in 12 anni sarà raddoppiato il capitale.»

5. Divisione di un numero in due parti

La soluzione è 8 e 4.

6. Il trasporto della biada

«Fai così», dice Pacioli: porta dieci misure di biada a 5 miglia di distanza. In tal modo il cavallo ne consumerà 5 misure e 5 avanzeranno e quando avrà trasportato tutta la biada per le 5 miglia, ne saranno avanzate 50 misure e 50 ne avrà consumate il cavallo. Poi gli farai portare le 50 misure rimaste, 10 alla volta, per le 5 miglia che rimangono ancora da percorrere. Quando le avrà trasportate tutte, il cavallo ne avrà mangiate 25 e 25 saranno quelle rimaste.

Si tenga presente che questa non è l'unica soluzione possibile e non è neanche la migliore. Provi, ad esempio, il lettore a trovare altre soluzioni, stabilendo più di un deposito lungo la strada (vedi il problema seguente).

7. Tre navi per il grano

Prima attraversò 10 dogane con tutte e tre le navi e quindi si fermò lasciando al gabelliere il carico di una nave, corrispondente ai dieci pedaggi delle tre navi. Poi proseguì con le due navi attraversando 15 dogane, quindi si fermò lasciando per dazio il carico di un'altra nave. A questo punto aveva attraversato 25 dogane e gliene mancavano 5, avendo ancora una nave carica. Paga i 5 pedaggi rimasti con 5 misure e « a lui avanza 25 ».

8. Le mele dei due compagni

Uno ne colse 5 e l'altro 7. Se il primo ne dà una al compagno, a lui ne resterebbero 4, il compagno ne avrebbe 8, cioè il doppio. E se il compagno ne dà una a lui, ne avrebbero 6 per uno.

Se indichiamo con x le mele raccolte dal primo compagno e con y quelle raccolte dal secondo, avremo due equazioni $y + 1 = 2(x - 1)$ e $y - 1 = x + 1$, cioè un sistema che risolto ci dà il numero di mele raccolte dai due compagni.

9. La contadinella al mercato

Le uova, afferma Pacioli, sono 301. « Fanne prova e viratte bene, e vedrai che è giusto. E ancora dirai che fossero 721. » Vediamo « matematicamente » la soluzione. Dobbiamo trovare un numero che abbia parti intere 1/2, 1/3, 1/4, 1/5 e 1/6. Moltiplichiamo i denominatori e otteniamo 720, aggiungiamo 1 e otteniamo 721 che è giusto.

Pacioli trova dunque due soluzioni al problema, la prima, quella più probabile, è 301, ma è corretta anche 721. In realtà le soluzioni sono infinite. Il minimo comune multiplo di 2, 3, 4, 5 e 6 è 60, e dobbiamo trovare i multipli di 60, che sommati a 1 diano un multiplo di 7, un numero che diviso per 7 abbia quindi resto zero. Se indichiamo con n un numero intero, moltiplichiamo 60 per n e sommiamo 1, dobbiamo imporre che tale numero, diviso per 7, cioè $(60n + 1)/7$ sia un numero intero.

Le soluzioni sono 301, 721, 1141, 1561, 1981, 2401, 2821, 3241,...

Osserviamo che si passa da un numero al successivo aggiungendo 420, cioè 7×60.

10. Un secondo cesto di uova rotte

Ripartiamo, come nel problema precedente, dal minimo comune multiplo di 2, 3, 4, 5 e 6, cioè 60. Se sottraiamo 1, otteniamo 59, numero al quale manca un'unità per essere divisibile per 6 e avanza 5 unità. Se lo dividiamo per 2 avanza 1, se lo dividiamo per 3 avanza 2, se lo dividiamo per 4 avanza 3 e se lo dividiamo per 5 avanza 4.

Ma 59 non è divisibile per 7. Troviamo quindi il multiplo di 59 divisibile per 7, cioè sottraiamo 1 a un multiplo di 60 imponendo che sia divisibile per 7. Dobbiamo trovare il più piccolo intero di $(60n - 1)/7$. Con $n = 2$ abbiamo $(120 - 1)/7 = 119/7 = 17$. In conclusione il numero delle uova era 119.

11. Tre contadinelle al mercato

Vediamo la soluzione data da Pacioli. In un primo momento le uova vengono vendute a una moneta l'una. Il primo ne vende 29, con un guadagno di 29 monete e gliene rimane una, il secondo ne vende 18, con un guadagno di 18 monete e gliene rimangono 2, il terzo ne vende 7 con un guadagno di 7 monete e gliene rimangono 3.

Successivamente le uova vengono vendute a 11 monete l'una. In questo modo il primo dei tre guadagna 11 monete con l'unico uovo rimasto e con le 29 monete guadagnate prima, fa 40 monete. Il secondo con le 2 uova avanzate guadagna 22 monete e con le 18 monete guadagnate prima, fa 40 monete. E quello che aveva 10 uova con le 3 avanzate guadagna 33 che con le 7 guadagnate prima fa sempre 40 monete.

« Dirai dunque – scrive Pacioli – che le vendettero nel modo descritto in due volte, altrimenti andrebbe male. »

12. Tagliare la stoffa

Ci sono molte soluzioni a questo problema, ma Pacioli non riporta nessun disegno di soluzione. In ogni caso si tratta di spostare la parte crescente, in altezza, della stoffa originaria, sistemandola nella nuova dimensione della stoffa con la stessa area ma con altezza più bassa, da 8 braccia a 6 braccia.

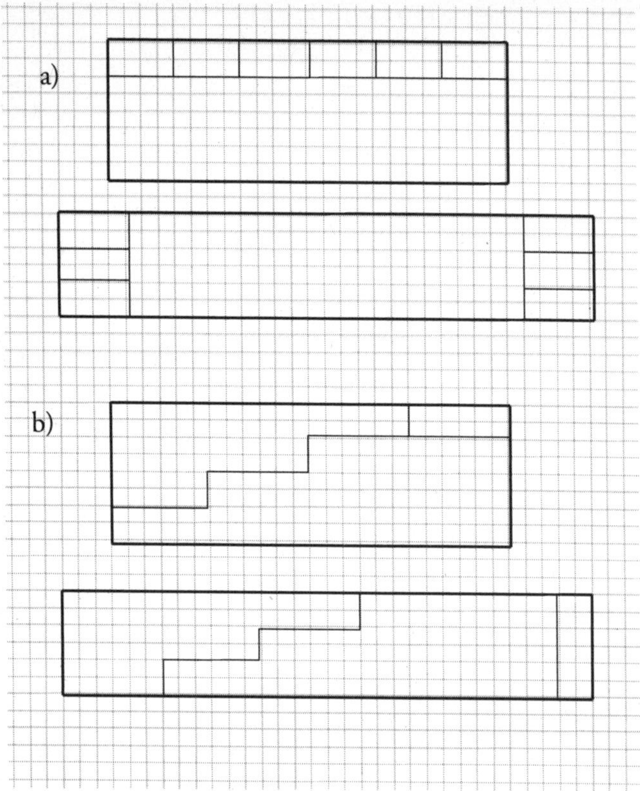

Il procedimento risulta evidente con un disegno su un foglio a quadretti, con un quadretto equivalente a un braccio. In pratica, dice Pacioli, si tratta di trasformare un rettangolo largo 24 braccia e alto 8 in un rettangolo largo 32 braccia e alto 6. La soluzione più semplice prevede che si costruisca una « scaletta » che può variare, ma sul modello indicato in figura. Si devono poi spostare in modo opportuno i pezzi di stoffa corrispondenti alla parte crescente in altezza. Come scrive Pacioli, « tu ài tanta superficie al'una via quanto che al'altra, zoè prima avia 8 via 24 fa 192, e adesso arà 6 via 32 fa 192, tanto in quanto in là »: $8 \times 24 = 6 \times 32 = 192$. Con il taglio di stoffa suggerito, 3 pezzi (ad esempio, 2×4) dovranno essere collocati a sinistra e 3 a destra del rettangolo, per ottenere così la nuova pezza. In b) un'altra soluzione.

Appendice

A1

La magia dei numeri

Con il linguaggio matematico attuale, possiamo scrivere:

$$Q = n(n + 1) - 2x - ny$$

Il divisore q è il numero n diminuito di 1: $n - 1$

Ad esempio, se il numero da dividere in due parti è 15 e le due parti in cui viene diviso sono 6 e 9, risulta

$$Q = 15 \times 16 - 2 \times 6 - 15 \times 9 = 240 - 12 - 135 = 93$$

Se dividiamo questo numero per 14, cioè per $n - 1$, otteniamo:

93 : 14 = **6** con resto di **9**

Ecco comparire le due parti che stavamo cercando.

Per saperne di più

Luca Pacioli, *De viribus quantitatis*, Aboca Edizioni, Sansepolcro, 2010.

Luca Pacioli, *Trattato di partita doppia* (Venezia 1494), Marsilio, Venezia, 1994.

Dario Bressanini, Silvia Toniato, *I giochi matematici di Fra' Luca Pacioli. Trucchi, enigmi e passatempi di fine Quattrocento*, Edizioni Dedalo, Bari, 2011.

Duilio Contin, Piergiorgio Odifreddi, Antonio Pieretti, *Antologia della divina proporzione di Luca Pacioli, Piero della Francesca e Leonardo da Vinci*, Aboca Edizioni, Sansepolcro, 2010.

Biografia:
http://www-history.mcs.st-and.ac.uk/Biographies/Pacioli.html
http://www.cardiff.ac.uk/carbs/conferences/abfh2008/sangster2.pdf

La *Divina proportione* di Luca Pacioli:
http://ww3.ac-poitiers.fr/arts_p/b@lise14/pageshtm/page_4.htm

Una ricerca su Piero della Francesca e Luca Pacioli:
http://www.liceosabin.it/iper08/piero_nuovo/pacioli_piero/testi/testi.html

I poliedri di Pacioli:
http://www.georgehart.com/virtual-polyhedra/pacioli.html

Copia del *De viribus quantitatis*:
http://www.uriland.it/matematica/DeViribus/Pagine/index.html

Un ampio studio su Pacioli:
http://ww3.ac-poitiers.fr/arts_p/b@lise14/pageshtm/page_4.htm

La soluzione degli anelli di Cardano su YouTube:
http://www.youtube.com/watch?v=qtkvROd1YLY

3
PROBABILMENTE I DADI

Noi uomini non siamo soggetti né alle grandi gioie né ai grandi dolori, perché queste gioie e questi dolori ci giungono avvolti in una immensa nebbia di piccoli eventi. E la vita non è altro che questa nebbia. Un sogno fugace nella mente di uno sconosciuto giocatore di dadi.

Miguel de Unamuno, *Nebbia*, 1914

1. Alle origini dei dadi

I dadi sono uno dei giochi più antichi e sono ancora oggi, in tante versioni, uno dei più diffusi. Erano il gioco più popolare al tempo dei greci e dei romani, quando Nerone si giocava immense fortune e l'imperatore Claudio scriveva un trattato sui dadi, andato purtroppo perduto. Esemplari simili ai dadi moderni sono stati ritrovati in tombe egizie di tremila anni fa e dadi di forme diverse, oltre al cubo, risalgono a tempi più antichi. Prima ancora si usavano rametti, piatti da una parte e arrotondati dall'altra, che venivano lanciati, come il « testa e croce » delle monete, e quindi con due soli casi possibili. Anticamente venivano usati, come dadi, anche gli astragali, gli ossicini che si trovano nelle zampe di alcuni animali, ad esempio il bue o la pecora. La loro forma era generalmente vicina a quella di un parallelepipedo e più raramente a quella di un cubo. Nel primo caso si potevano usare quattro facce, nel secondo sei, con valori numerici diversi, consentendo in tal modo un uso simile a quello dei dadi normali. Il « colpo di Afrodite », la combinazione più fortunata, consisteva nell'ottenere in un solo lancio facce tutte diverse.

Strano destino quello dei dadi, amati dai giocatori ma proibiti dalle autorità. Li ritroviamo in tutti i Paesi e in tutti i periodi della storia dell'uomo, colpiti sovente da numerosi divieti. Erano un gioco d'azzardo che un tempo veniva punito persino con carcere e frustate.

Nelle mani di fattucchiere e indovini, inoltre, i dadi sono sempre stati, accanto alle carte da gioco, lo strumento (dicono loro) per «predire il destino».

«Il passatempo dei dadi fu inventato, ormai molti anni fa, dal nemico demonio in Acaia presso Bura – afferma Pantagruel, protagonista di *Gargantua e Pantagruel*, il romanzo di François Rabelais. – Là, davanti alla statua di Ercole Buraico, come ora, in parecchi luoghi, molte anime semplici esso demonio faceva errare e cadere nelle sue reti. Voi sapete come Gargantua, mio padre, l'abbia proibito in tutti i suoi reami e bruciato con tutti gli stampi e disegni e sterminato e soppresso e abolito come peste pericolosissima.»

Forse è vero, i dadi hanno qualcosa di diabolico. Tra indovini e giocatori d'azzardo possono diventare pericolosi, ma il loro fascino, in ogni epoca, è sempre stato grande. Nel Medioevo sorsero perfino le corporazioni dei fabbricanti di dadi e le scuole per giocatori, le *Scholae Deciorum*, la più famosa delle quali si trovava a Parigi.

I dadi hanno avuto un ruolo di primo piano in molti celebri eventi storici. Li ritroviamo ai piedi della croce del Cristo, quando i soldati si giocarono ai dadi la sua tunica: «Si son divise tra loro le mie vesti e tirarono a sorte la mia tunica» (Giovanni, 19, 24).

Li aveva in mano Giulio Cesare quando diede ai suoi soldati l'ordine di passare il Rubicone: «Il dado è tratto», disse, sicuro della forza di un'immagine che non poteva non arrivare ai soldati, innamorati com'erano del gioco. Sul fiume non aveva navi da bruciare, ma l'immagine per i soldati era altrettanto forte: non si poteva più tornare indietro, la decisione presa era irrevocabile.

«Dio non gioca a dadi con l'universo» è la famosa frase di Albert Einstein, nella polemica sulla meccanica quantistica, frase alla quale Niels Bohr, uno dei padri di questa teoria, rispose: «Non dire a Dio come deve giocare». Sull'affermazione di Einstein, questo è il commento di un altro grande scienziato, Stephen

Hawking: « Einstein sbagliò quando disse: 'Dio non gioca a dadi'. La considerazione dei buchi neri suggerisce infatti non solo che Dio gioca a dadi, ma che a volte ci confonde, gettandoli dove non li possiamo vedere ».

Ritorniamo alla storia e alle origini dei dadi. Secondo Sofocle, i dadi da gioco sarebbero stati inventati, durante l'assedio di Troia, da Palamede, un personaggio della mitologia greca, re dell'isola di Eubea, che avrebbe inventato, oltre al gioco dei dadi, gli scacchi, il faro, i pesi, le misure e tante, forse troppe, altre cose, compresi... i numeri.

Erodoto attribuisce invece la paternità del gioco dei dadi ai Lidi: « Al tempo di Atis, figlio di Mane, una tremenda carestia colpì tutta la Lidia. Per un certo tempo i Lidi tentarono di condurre una vita normale; ma poi furono costretti a cercare nuovi rimedi. Avrebbero così scoperto i dadi, gli astragali, la palla e altre specie di giochi, tranne gli scacchi. Per un'intera giornata si davano al gioco, per non pensare al cibo; il giorno seguente interrompevano i giochi e mangiavano. Così andarono avanti per diciotto anni » (*Storie*, libro I, 94).

Il dado cubico è sempre stato il più diffuso, ma tutti e cinque i solidi regolari possono essere usati per il gioco. Il tetraedro è il meno usato, perché mette in gioco soltanto quattro numeri e non rotola molto bene, l'ottaedro è stato il più usato, dopo il cubo naturalmente, mentre il dodecaedro e l'icosaedro (che sono, come osservò Henry Dudeney,* il grande esperto in giochi matematici, « troppo rotondi e rotolano come palle »), furono usati nel passato principalmente dagli indovini. In particolare l'icosaedro veniva inserito in una sfera piena d'acqua e, galleggiando, lasciava intravedere, da una finestrella posta in alto, il numero di una sua faccia, numero dal quale l'indovino si vantava di essere in grado di leggere il destino dell'interrogante.

* Federico Peiretti, *op. cit.*, cap. 12, « Henry Ernest Dudeney ».

Le varie forme di un dado

2. I dadi per la matematica

Lo studio del calcolo delle probabilità è la prima strada che deve tentare chi vuole avvicinarsi o riavvicinarsi alla matematica. È un argomento affascinante che ritroviamo nei campi più diversi, nell'analisi di situazioni economiche e sociali oppure per risolvere problemi, anche personali, che possono dipendere da fattori probabilistici. Una visita al sito dell'Istat, l'Istituto Nazionale di Statistica, convincerà anche il più scettico sull'importanza, nella nostra vita quotidiana, dei numeri e del calcolo delle probabilità.

Non vogliamo ovviamente presentare un trattato su questo settore fondamentale della matematica, ma soltanto dare un'idea della sua importanza, attraverso l'analisi del gioco dei dadi. Proprio lo stesso gioco dal quale storicamente sono partiti i matematici per porre i fondamenti del calcolo delle probabilità. Furono loro a capire che calcolare le probabilità di ottenere un certo numero dal lancio dei dadi era un problema ben più complesso di quanto non potesse immaginare un giocatore ingenuo.

Qual è, lanciando un dado, la probabilità che esca un numero preciso sui sei possibili, ad esempio 4? Se il dado è « regolare » e i numeri sono quindi tutti ugualmente possibili, dobbiamo innanzitutto distinguere tra i *casi favorevoli* e quelli *possibili*. In questo esempio, indichiamo la probabilità che esca 4 come « caso favorevole », mentre i « casi possibili » sono i sei numeri del dado. La probabilità che stiamo cercando è quindi 1/6, cioè un caso favorevole su 6 possibili. Le cose si complicano con due dadi, tanto da confondere nei tempi passati anche illustri matematici.

Vediamo quali sono i casi possibili, lanciando due dadi, di ottenere come somma 9. Abbiamo quattro possibilità:

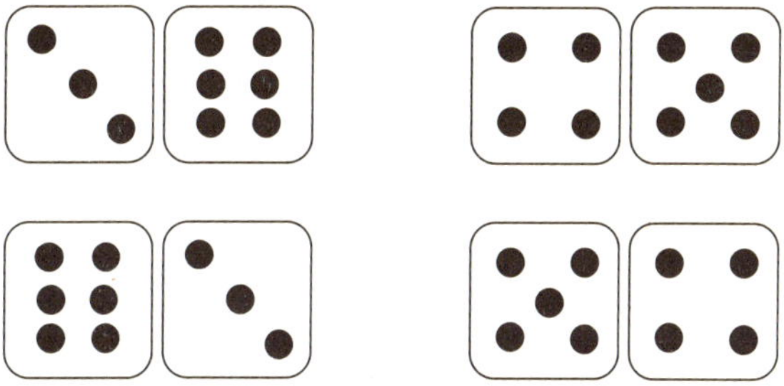

Indichiamo ogni lancio di una coppia di dadi con una coppia di numeri. In questo esempio: (3, 6), (6, 3), (4, 5), (5, 4).

Mettiamo in tabella tutti i casi possibili, nel lancio di due dadi.

SOMMA	RISULTATI POSSIBILI						
2	1	(1, 1)					
3	2	(1, 2)	(2, 1)				
4	3	(1, 3)	(3, 1)	(2, 2)			
5	4	(1, 4)	(4, 1)	(2, 3)	(3, 2)		
6	5	(1, 5)	(5, 1)	(2, 4)	(4, 2)	(3, 3)	
7	6	(1, 6)	(6, 1)	(2, 5)	(5, 2)	(3, 4)	(4, 3)
8	5	(2, 6)	(6, 2)	(3, 5)	(5, 3)	(4, 4)	
9	4	(3, 6)	(6, 3)	(4, 5)	(5, 4)		
10	3	(4, 6)	(6, 4)	(5, 5)			
11	2	(5, 6)	(6, 5)				
12	1	(6, 6)					

I risultati possibili sono in tutto 36 = 1/6×1/6. Come abbiamo visto, è possibile ottenere 9 in quattro modi diversi, cioè quattro sono i casi favorevoli, 36 i casi possibili, 4/36 = 1/9.

Dalla tabella vediamo, ad esempio, che è possibile ottenere 4 in tre modi diversi. I tre casi favorevoli sono (1,3), (3,1) e (2,2) e, in rapporto con i casi possibili, sono quindi 3/36 = 1/12. A questo punto, siamo solo all'inizio nello studio del gioco dei dadi e di conseguenza della teoria del calcolo delle probabilità.

Molti illustri matematici si sono occupati dei problemi collegati al lancio dei dadi. Girolamo Cardano fu tra i primi a occuparsene, avendo sperimentato personalmente i guai che potevano provocare: « Il gioco dei dadi mi ha procurato gravi danni – scrive nella sua autobiografia, – visto che l'ho insegnato ai miei figli, e la casa era spesso aperta ai giocatori, né altra attenuante ho per questo se non quella, piccola, della povertà dei miei natali e di una certa attitudine a questo tipo di abilità ». Nel 1526 scrisse anche un libro sui dadi, il *Liber de ludo aleae*, che contiene una delle prime trattazioni sistematiche del calcolo delle probabilità, con alcune pagine in cui spiega anche i metodi per barare efficacemente. **A1**

Furono però Blaise Pascal e Pierre de Fermat nel Seicento a stabilire i fondamenti matematici della nuova scienza, il *calcolo delle probabilità*, nata proprio dallo studio del lancio dei dadi. Pascal, matematico, fisico, filosofo e religioso francese (1623-1662), venne sollecitato in questi studi da un suo amico, gran giocatore, Antoine Gombaud, Chevalier de Méré, che nel 1654 gli sottopose alcuni problemi riguardanti i dadi, simili ma anche più complicati di quelli già studiati da Cardano e da Galileo. **A2**

Scrive Pascal: « La teoria delle probabilità non è in fondo che buon senso ridotto a calcolo; essa permette di valutare con esattezza ciò che le menti illuminate sentono per una specie di istinto senza rendersene conto [...] È notevole come tale scienza, che è cominciata con gli studi dei giochi d'azzardo, si sia elevata ai più importanti 'oggetti delle conoscenze umane' ».

Pascal e Fermat riuscirono a dare una stesura sistematica ai risultati cui erano pervenuti. Tali risultati ispirarono un grande scienziato olandese, Christian Huygens, che nel 1657, incoraggiato da Pascal, pubblicò il *De ratiociniis in ludo aleae* (Sui ragionamenti nel gioco dei dadi), un libro che ebbe un ruolo fondamentale nell'affermazione del calcolo delle probabilità, le cui applicazioni oggi sono presenti, o meglio indispensabili, in tutti i campi.

3. Giochiamo con i dadi

Partiamo anche noi dal gioco per arrivare a capire il calcolo delle probabilità. Scriveva il matematico Pierre Simon de Laplace: « È straordinario che una scienza, la quale ha avuto origine dall'analisi dei giochi d'azzardo, sia poi diventata uno dei più importanti fondamenti della conoscenza umana ».

Come sono fatti i dadi? Si tenga presente innanzitutto che nei dadi moderni la somma dei numeri sulle facce opposte è sempre uguale a sette e che i dadi sono costruiti in modo che le facce 1, 2 e 3, se le teniamo rivolte verso di noi, siano sistemate in senso antiorario. La stessa regola vale per le facce 2, 4 e 6; 1, 3 e 5; 4, 5 e 6. In Giappone però si usano anche dadi con le facce 1, 2 e 3 collocate in senso orario.

Poiché di un dado si vedono soltanto tre facce per volta, se ne può costruire uno che abbia lo stesso numero sulle due facce opposte, quindi soltanto tre numeri diversi, ma che sembri regolare quando viene lanciato sul tavolo in modo opportuno da chi conosce il trucco. Tuttavia un giocatore esperto si accorgerà del trucco poiché in questo caso non tutti i numeri girerebbero in senso antiorario. Altri trucchi più semplici, usati dai bari, sono l'inserimento di un pezzettino di piombo nel dado, al di fuori del suo centro di gravità. Il peso del metallo favorisce in questo modo l'uscita di un determinato numero. Allo stesso scopo possono servire dadi con alcune facce un po' convesse, in modo che restino favorite quelle piatte. Sono dadi irregolari anche quelli che hanno qualche spigolo smussato o con facce leggermente rettangolari. Oggi, per le case da gioco, i dadi sono costruiti con una precisione di simmetria delle facce pari a 1/2000 centimetri e la lunghezza degli spigoli è di norma 1,9 centimetri. I pallini di ogni punto vengono scavati nelle facce del cubo a una profondità di 0,043 centimetri. Per evitare una differenza di peso tra una faccia e l'altra, dovuta al numero diverso di punti scavati, si riempie poi ogni cavità con una quantità di colorante il cui peso dev'essere identico a quello della plastica asportata.

Veniamo ad alcuni dei mille giochi con i dadi inventati nel corso del tempo. Tralasciamo quello più diffuso che tutti conosciamo, il gioco dell'oca: un percorso su un tabellone, con un certo numero di caselle sulle quali si procede con il lancio dei dadi. Vince chi arriva per primo alla fine del percorso, dopo aver superato una serie di prove indicate sulle caselle, favorevoli o contrarie al giocatore.

Riffa

Il termine «riffa» definisce in generale una lotteria privata, nella quale viene offerto un premio attribuito, mediante sorteggio di uno o più numeri. Riferita invece al gioco dei dadi, nella versione più semplice, la «riffa» è il lancio di uno o più dadi da parte di un giocatore, il quale deve dichiarare in anticipo quale numero uscirà, secondo lui. Se esce il numero dichiarato, il giocatore vince e raddoppia la sua puntata, altrimenti perde quanto ha puntato. Ancora oggi è un gioco proibito, se ci sono scommesse in denaro. Chi viene sorpreso a giocare alla riffa viene punito con una ammenda da 51 a 516 euro. La pena è raddoppiata, in caso di valore rilevante o se l'offerta è clandestina. È un reato previsto dall'art. 18 della legge italiana sul lotto pubblico (L. 2 agosto 1982, n. 528).

Una delle versioni più popolari della riffa risale al Medioevo e si può giocare anche senza denaro. Queste sono le regole.

1. Il primo giocatore deve tirare i dadi tante volte finché non ottiene lo stesso punto su due dei tre dadi; poi tira il terzo dado.
2. Si sommano i punti dei tre dadi tirati.

3. Se l'altro giocatore, tirando i dadi come indicato ai punti 1 e 2, otterrà un punteggio superiore, vincerà. Se ne otterrà altrettanti sarà patta. Se ne otterrà meno, avrà perso.

Ad esempio, se il primo giocatore tira $3 + 3 + 2 = 8$ e il secondo giocatore tira $5 + 5 + 2 = 11$, quest'ultimo vince. Con un tiro $2 + 2 + 4 = 8$, la partita sarebbe patta.

Il gioco montenegrino

È un gioco proposto da Henry E. Dudeney (1847-1930),* il quale afferma che un tempo era molto popolare fra gli abitanti del Montenegro.

Si gioca in 2 con 3 dadi. I giocatori, prima di lanciare i tre dadi, devono dichiarare una coppia di numeri dispari (maggiori di 3).

Vince il giocatore che ottiene, con i tre dadi, un punteggio corrispondente a uno dei due numeri dichiarati in precedenza. Se entrambi ottengono un punteggio vincente si ripete la prova. Immaginiamo, ad esempio, che un giocatore abbia scelto i numeri 7 e 15 e l'altro 5 e 13. Il primo giocatore lancia i tre dadi e vince se fa 7 oppure 15, a meno che il secondo giocatore a sua volta riesca a fare 5 oppure 13, nel qual caso si ripete la prova.

Domanda: quali coppie diverse di numeri dispari devono scegliere i due giocatori per avere esattamente la stessa probabilità di vincere?

La risposta a p. 75.

Zanzibar

Un gioco d'azzardo, diffuso un tempo in tutti i porti e i quartieri malfamati delle città, e sempre vietatissimo, è lo *Zanzibar*. Si gioca in due o più giocatori, con tre dadi.

Gioca per primo chi ottiene il punteggio più alto nel lancio di un dado. In seguito, il vincitore di ogni giro inizierà il giro suc-

* Federico Peiretti, *op. cit.*, cap. 12, «Henry Ernest Dudeney».

cessivo. Scopo del gioco è « fare Zanzibar », ottenere cioè tre facce uguali, ad esempio tre 1, tre 4 oppure tre 6.

Chi gioca per primo può decidere di lanciare i dadi, secondo la sua convenienza, una, due o tre volte, riprendendoli tutti o in parte. Gli altri giocatori dovranno rispettare il numero dei lanci stabilito dal primo giocatore. Se, ad esempio, il primo giocatore dice « in due », li potranno lanciare soltanto una o due volte al massimo.

Vince chi fa *Zanzibar* oppure, se ci sono più giocatori che fanno *Zanzibar*, chi ha ottenuto la combinazione migliore, tenendo presente che gli *Zanzibar* vanno, per importanza, in ordine, da tre 1 a tre 2: tre 1, tre 6, tre 5, tre 4, tre 3, tre 2. Quindi lo *Zanzibar* di 1 risulta superiore allo *Zanzibar* di 6 che, a sua volta, è superiore allo *Zanzibar* di 5 e così via.

Se nessun giocatore fa *Zanzibar*, vince chi ha il punteggio più alto, contando i punti in questo modo: ogni 1 vale 100 punti, ogni 6, 60 punti e per gli altri vale il punteggio indicato sulla faccia: 5, 4, 3 e 2. Ad esempio, se un giocatore scopre 1, 5 e 6 conterà 165 punti.

Le dodici caselle

Al gioco delle dodici caselle possono partecipare due o più giocatori. Sono necessari 2 dadi, 12 gettoni e un foglio di carta sul quale si disegnano 12 caselle, numerandole da 1 a 12. Con il lancio di un dado si stabilisce chi deve giocare per primo, ad esempio chi ottiene il numero più alto.

1	**2**	**3**
4	**5**	**6**
7	**8**	**9**
10	**11**	**12**

A turno ogni giocatore lancia i 2 dadi e va a occupare con i gettoni una o più caselle la cui somma corrisponda al punteggio ottenuto con i dadi. Quando il giocatore riesce a occupare le caselle 7, 8 e 9, acquista il diritto di lanciare un solo dado. In tal modo risulta più facile occupare le caselle con i numeri più bassi. Il giocatore continua a giocare finché non riesce a occupare, secondo la regola stabilita, caselle con i gettoni, e termina il suo turno quando non riesce più a trovare caselle vuote in corrispondenza al punteggio segnato sui dadi o sul dado. Il giocatore segna poi, a suo carico, la somma dei punti delle caselle rimaste vuote, passando i dadi al giocatore successivo.

Vince chi ottiene il punteggio più basso dopo 10 turni di gioco.

Cho Han-Bakuch

È un gioco d'azzardo giapponese, noto anche come *Cho Han* e diffuso ancora oggi tra i membri della Yakuza, la mafia del Sol Levante. Due dadi vengono messi in una coppa e agitati da chi ha organizzato il gioco, il quale li tiene poi coperti sul tavolo. I giocatori scommettono quindi sul risultato, e precisamente sulle due possibilità, se la somma dei due dadi è un numero pari (*Cho*) o dispari (*Han*). Tolta la coppa, vengono visualizzati i dadi e i vincitori ricevono una somma di denaro corrispondente alla somma che avevano scommesso. Gli organizzatori del gioco hanno due scelte possibili. Possono raccogliere tutto il denaro dei perdenti oppure raccogliere una percentuale di tutte le scommesse. In quest'ultimo caso i giocatori possono scommettere uno contro l'altro, ma ci deve essere un ugual numero di giocatori che scommettono sul pari o sul dispari.

Il cavaliere

Abbiamo ritrovato questo gioco in un libro di Pierre Berloquin, grande esperto in giochi, di professione ludografo, come si è autodefinito. Lo riproponiamo come gioco « gesso e lavagna », accanto al classico filetto, rispetto al quale ha il vantaggio di poter essere giocato da più di due giocatori. Naturalmente è anche possibile giocare con « carta e matita ».

Ogni giocatore ha davanti a sé una copia dell'insieme di linee (vedi figura a pagina seguente) segnate su un foglio o sulla lavagna. Sono in tutto 3 segmenti diagonali e 3 orizzontali. A sua volta, ognuno dei segmenti diagonali è stato diviso in 3 segmenti, per un totale quindi di 27 segmenti diagonali.

Sono necessari 4 dadi con i quali i giocatori cercano di ottene-

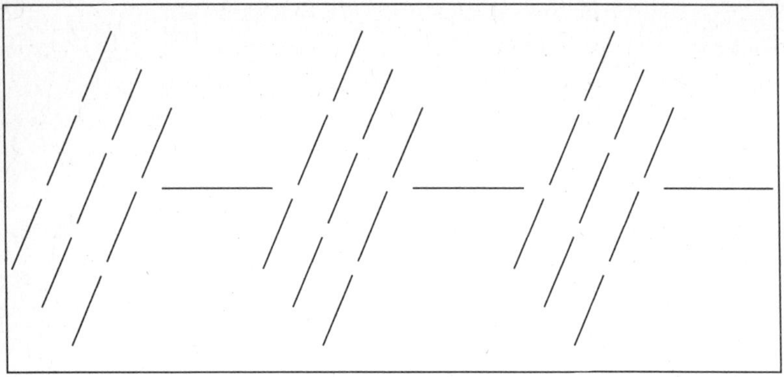

re quattro facce identiche, oppure tre o almeno due. Inizia per primo chi ottiene il punteggio più alto dal lancio di un dado. A turno tutti i giocatori lanciano poi i 4 dadi e per ogni giro il vincitore è il giocatore che ha ottenuto il punteggio più alto (da quattro 6 a quattro 1). I quattro 6 hanno il valore più alto, seguiti dai quattro 5, i quattro 4 e così via, con i quattro 1 che hanno il valore più basso.

Le regole da seguire sono le seguenti.

- Il giocatore che, dal lancio dei dadi, ottiene quattro facce uguali ha vinto la partita, a meno che non venga battuto da un altro giocatore il quale abbia a sua volta quattro facce uguali con un valore più alto. Chi vince ha diritto a cancellare un segmento orizzontale oppure le tre parti di un segmento diagonale.
- Se nessuno ha ottenuto 4 facce uguali, chiudendo così la partita, vince il giocatore che ha ottenuto 3 facce uguali, con il valore più alto. E toccherà a lui cancellare un segmento orizzontale oppure le tre parti di un segmento diagonale.
- Se non ci sono lanci con 3 facce uguali, vince il giro il giocatore che ha ottenuto 2 facce uguali, con il punteggio più alto. E avrà diritto a cancellare due pezzi di un segmento diagonale.
- Se non ci sono neanche 2 facce uguali, i numeri sono tutti di-

versi, vince il giro il giocatore che ha sommato il punteggio maggiore e potrà cancellare un pezzo di un segmento diagonale.
- Se due giocatori ottengono insieme la stessa combinazione vincente, la vittoria andrà a chi l'ha formata per primo, che potrà a sua volta cancellare un pezzo di un segmento diagonale.

Si procede in questo modo e vince la partita il giocatore che per primo riesce a cancellare tutti i suoi segmenti.

Esempi di lanci dei quattro dadi.

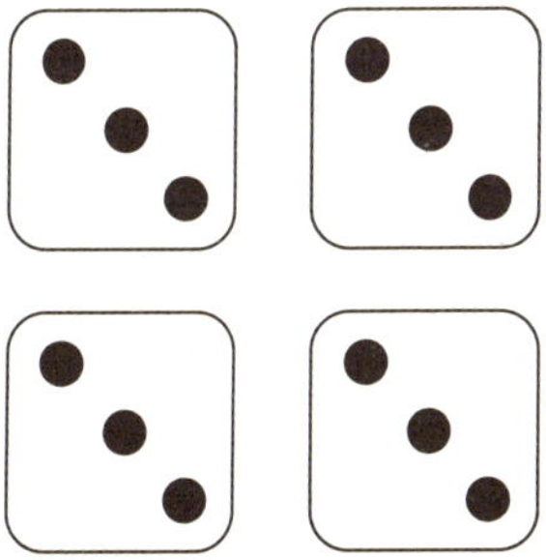

Il giocatore che ha ottenuto questa combinazione vince la partita, a meno che non ci sia un altro giocatore con un punteggio superiore nello stesso giro, quindi con quattro 4, quattro 5 o quattro 6.

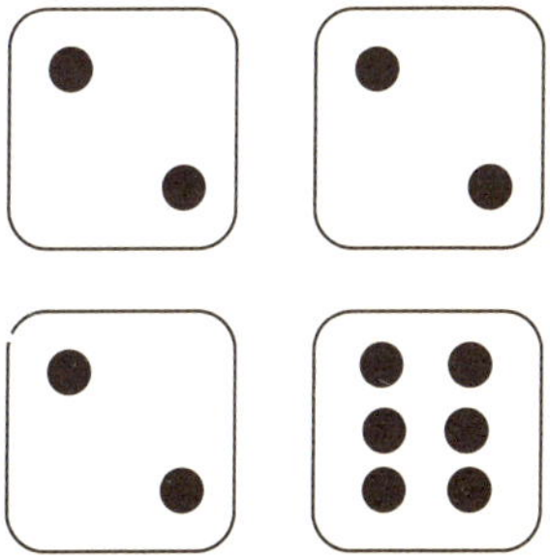

Il giocatore che ha ottenuto questa combinazione vince la partita, se nessun altro giocatore ha realizzato nello stesso giro quattro numeri uguali, oppure tre numeri con un punteggio superiore.

Zara

Anche Dante (*Purgatorio*, VI, 1-12) conosceva il gioco della *Zara* e sapeva quanto fosse pericoloso lasciarsi tentare da questo gioco, noto anche con il nome di *Azar*, anagramma di Zara.

Quando si parte il giuoco della zara / Colui che perde si riman dolente, / Repetendo le volte, e tristo impara; / Con l'altro se ne va tutta la gente; / Qual va dinnanzi, e qual di dietro il prende, / E qual da lato li si reca a mente. / Ei non s'arresta, e questo e quello intende; / A cui porge la man, più non fa pressa; / E così dalla calca si difende. / Tal era io in quella turba spessa, / Volgendo a loro, e qua e là, la faccia, / E promettendo mi sciogliea da essa.

Il suo nome deriverebbe da *Zahr*, che in arabo significa dado. Secondo un'altra versione, il gioco sarebbe stato inventato nell'XI secolo in un castello arabo chiamato Azar, da cui avrebbe preso il nome.

Presentiamo le regole di gioco della *Zara* come sono esposte nel *Libro de los juegos* (1283) di Alfonso X, re di Castiglia e León, detto il Saggio. È il primo libro di giochi pubblicato in Europa ed è la più completa presentazione dei giochi dell'epoca, illustrato da splendide tavole a colori. « Dio ha voluto che gli uomini traessero diletto da molti giochi – scrive Alfonso X nell'introduzione – e questi divertimenti portano loro conforto e sconfiggono la noia. »

Si gioca in due, con tre dadi. Le regole non sono semplici, ma si impareranno velocemente, con un po' di pratica.

Inizia il giocatore che ottiene il punteggio più alto nel lancio di un dado.

1. Chi tira i dadi per primo, vince se ottiene come somma dei tre dadi 15, 16, 17 o 18 oppure, sempre come somma, 6, 5, 4, 3. Tutti questi numeri sono chiamati *azar*.
2. Se il primo giocatore non ottiene un *azar*, deve dare all'altro giocatore il punto tirato, che sarà compreso tra 7 e 14.
3. Il secondo giocatore tira i dadi; se fa *azar* vince, altrimenti il punto tirato, sempre tra 7 e 14, viene assegnato al primo giocatore.
4. Se il primo giocatore tira in seguito un *azar*, il punto viene definito *reazar* e il primo giocatore perde.
5. Se invece il tiro non è un *reazar*, il primo giocatore deve tirare tante volte, alternandosi con l'altro giocatore finché non esce il proprio numero (quello che gli era stato dato dal secondo giocatore, se anch'egli non ha fatto *azar*) e in questo caso vince,

oppure tira il numero che aveva dato all'altro giocatore (vedi punto 2 sopra) e perde.

6. Allo stesso modo, il secondo giocatore deve tirare il numero che gli era stato assegnato, tra 7 e 14, e vince, oppure tira quello avversario e perde.

I numeri hanno ovviamente diverse probabilità di uscire. Ad esempio il 3 ha soltanto una combinazione 1/216: 1, 1 e 1. Il 4 ha tre combinazioni possibili 3/216: 1, 1, 2; 1, 2, 1 e 2, 1, 1. Il 10 e l'11 sono i numeri che hanno più combinazioni possibili: 27/216.

Può capitare che entrambi i giocatori si vedano assegnati lo stesso numero, tra 7 e 14; quando uno dei giocatori tira tale numero, la partita risulta patta. Se invece, in questo caso, il primo giocatore tira un *reazar*, perde.

Vediamo un esempio. Il primo giocatore tira un *azar*: $3 + 2 + 1 = 6$, e vince. Il primo giocatore tira $2 + 4 + 1 = 7$, non vince, e questo numero viene « dato » all'avversario. Il secondo giocatore tira $5 + 5 + 1 = 11$, e non vince. Avrebbe vinto se tirava uno dei numeri *azar* (vedi punto 1) e il punto ottenuto, 11, viene dato al primo giocatore. Ora il primo giocatore può vincere solo se tira ancora il « suo » numero, cioè 11; perde se tira il numero dell'avversario, cioè 7, oppure se tira un *azar* che viene definito, come abbiamo detto, *reazar*. Allo stesso modo il secondo giocatore può vincere solo se tira ancora il « suo » numero, cioè 7; perde se tira il numero dell'avversario, cioè 11.

RISPOSTA al Gioco montenegrino di p. 69.

I due giocatori devono scegliere le coppie 5 e 9, e 13 e 15. Infatti ci sono 216 modi diversi in cui i tre dadi possono cadere e, fra questi, 6 diverse possibilità di ottenere 5, 25 di ottenere 9, 21 di ottenere 13 e 10 di ottenere 15. Ogni giocatore ha quindi esattamente 31 diverse possibilità di ottenere uno dei due numeri dichiarati.

4. Problemi divertenti

1. Il dado che rotola

Su un foglio di carta, disegnare un quadrato con nove caselle, numerate da 1 a 9. Dopo aver collocato un dado sulla casella centrale, la 5, e la faccia con il numero 1 in alto, come indicato in figura, farlo rotolare a ogni mossa su una casella adiacente, con un quarto di giro, in modo da arrivare alla casella 7, con il numero 6 in alto. Non sono permessi i movimenti in diagonale.

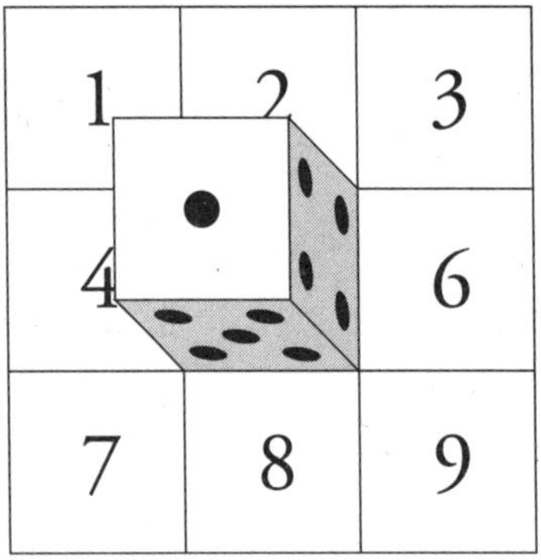

2. Successione di dadi

In figura è riportata una successione di coppie di dadi, con i numeri delle facce anteriori.

Quali sono i numeri corrispondenti alla coppia successiva, ma sulle facce posteriori dei due dadi?

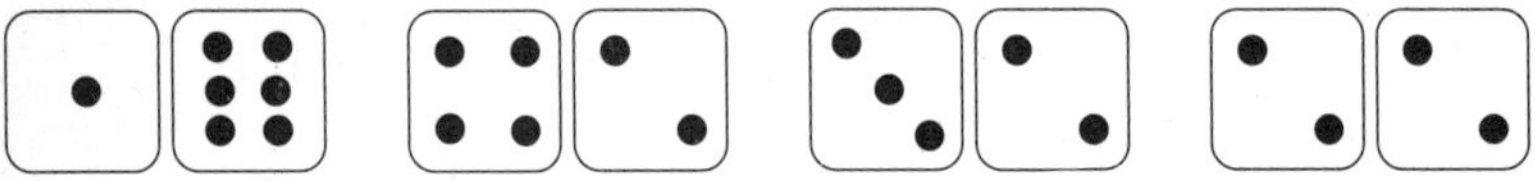

3. Le facce di un dado

In quanti modi possiamo segnare le facce di un dado affinché 1 e 6, 2 e 5, 3 e 4 siano su facce opposte?

4. La faccia nascosta

Le regole, che abbiamo visto, per la disposizione dei numeri sulle facce dei dadi, in modo che la somma dei numeri opposti sia sempre 7, ci possono consentire una prova di grande effetto: data una pila di tre o più dadi diventa facile indovinare il numero nascosto sulla faccia superiore di ogni dado. Ad esempio, provi il lettore a scoprire il numero nascosto sulla faccia superiore dei tre dadi di figura.

5. Lancio di un dado

Se lanciamo un dado, che probabilità abbiamo di ottenere un numero pari, un numero dispari, un numero diverso da 6 o un numero che non sia divisibile per 3?

6. La somma nascosta

Qual è la somma dei punti sulle facce non visibili, più quella cancellata, dei due dadi?

Questo problema arriva da una delle gare matematiche *Kangourou* italiane.

7. Il lancio dei dadi

Quanti dadi è necessario lanciare per essere sicuri di avere una probabilità superiore al 50 per cento che, almeno su un dado, esca 1?

8. Dadi magici

Questo gioco venne proposto da Ernest Dudeney.

Il « mago » si volta in modo da non poter vedere tre dadi che vengono lanciati da un volontario. Poi, sempre voltato di spalle, chiede a chi ha gettato i dadi di compiere le seguenti operazioni:

1. moltiplicare i punti del primo dado per 2 e aggiungere 5;
2. moltiplicare il risultato per 5 e aggiungere i punti del secondo dado;
3. moltiplicare il nuovo risultato per 10 e aggiungere i punti del terzo dado.

A questo punto il mago afferma che se gli viene comunicato il risultato, dirà immediatamente i punti dei tre dadi, dopo il lancio.

Ad esempio se dal lancio escono 1, 3 e 6, il risultato comunicato al mago sarà stato 386, numero dal quale si possono dedurre i tre numeri del lancio. Come si spiega?

9. Indovina le facce nascoste

Le facce superiori dei due dadi sono state coperte. Quali sono i numeri su queste facce?

10. Gettare i dadi

Con una coppia di dadi si può ottenere la somma 10 sia con 5 + 5 che con 6 + 4. Anche la somma di 5 si può ottenere in due modi, cioè con 1 + 4 oppure con 2 + 3. Ma lanciando più volte i dadi, si può osservare che la somma 5 è più frequente della somma 10. Perché?

11. Quante volte?

Quante volte, in media, dovremo lanciare un dado perché compaia un 6?

12. Una partita a dadi

Si gioca con due dadi e si vince 1 euro se esce 9, come somma dei due dadi, si perde 1 euro se esce 7. Non si vince né si perde nulla se escono altri numeri. Può essere conveniente partecipare a questo gioco?

13. Numeri e dadi

Quale numero dev'essere segnato dopo il terzo dado?

14. Somma 8 con 2 dadi

Se lanciamo due dadi, qual è la probabilità di ottenere due numeri la cui somma sia 8?

15. Le facce nascoste del dado

Si vedono solo le facce 5 e 1 di un dado. Quali sono i punti su tutte le altre facce?

16. Sempre la stessa faccia

Qual è la probabilità che gettando 4 volte un dado, si presenti sempre la stessa faccia?

5. Risposte

1. Il dado che rotola

La soluzione prevede la seguente successione di mosse: 5 – 4 – 1 – 2 – 5 – 4 – 7.

2. Successione di dadi

La somma di ogni coppia scende dal 7 al 4, quindi la coppia successiva avrà come somma 3. E poiché la somma sulle facce opposte di ogni dado è sempre 7, opposto a 3 (1 + 2) ci sarà 11 (6 + 5).

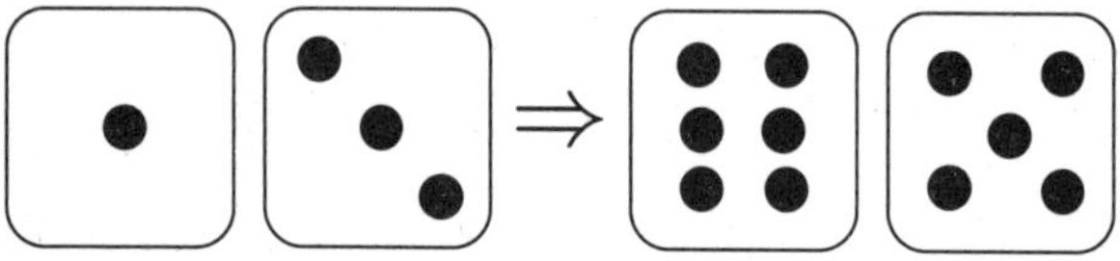

3. Le facce di un dado

Possiamo segnare 1 su una qualsiasi delle sei facce del dado. Una volta che abbiamo collocato 1, e quindi 6, restano quattro possibilità per il 2 e il 5. Infine, restano ancora 2 possibilità per il 3 e per il 4. In totale abbiamo quindi $6\times4\times2 = 48$ disposizioni possibili delle sei facce del dado, con la condizione richiesta dal problema.

4. La faccia nascosta

Sul dado in basso, poiché la somma delle facce opposte è sempre uguale a 7, possiamo dire che 5 e 1 saranno i numeri delle facce opposte rispettivamente a 2 e a 6. La faccia superiore può quindi essere soltanto 3 o 4. Ma possiamo affermare con sicurezza che è 3, poiché i numeri 1, 2 e 3, come abbiamo detto, sono sistemati in senso antiorario.

Allo stesso modo possiamo dire che il numero nascosto sul dado di mezzo è 6 e quello sul dado superiore 5.

5. Lancio di un dado

1/2, 1/2, 5/6, 2/3.

6. La somma nascosta

Sulle sette facce nascoste dei due dadi sono segnati 29 punti.

7. Il lancio dei dadi

Se viene lanciato un solo dado, la probabilità che non venga un 1 è

$$5/6 = 0{,}8333.$$

Se i dadi lanciati sono due, la probabilità che non venga un 1 è

$$5/6\times5/6 = 0{,}6944.$$

Se sono tre, la probabilità che non venga un 1 è

$$5/6\times5/6\times5/6 = 0{,}5787.$$

Se sono quattro, la probabilità che non venga un 1 è

$$5/6\times5/6\times5/6\times5/6 = 0{,}4823.$$

Sono quindi quattro i dadi che dobbiamo lanciare per avere una probabilità superiore al 50 per cento che esca un 1.

8. Dadi magici

È sufficiente sottrarre 250 dal risultato che viene comunicato al mago e le tre cifre che si ottengono sono i punti di ciascuno dei tre dadi. Dall'esempio di Dudeney abbiamo: $386 - 250 = 136$. E 1, 3 e 6 sono i tre punti segnati sui dadi.

Il procedimento è in riferimento al risultato delle operazioni richieste:

$100\, a + 10\, b + c + 250$, dove a, b e c sono i tre numeri sconosciuti. «Il risultato è ovvio», scrive Dudeney.

9. Indovina le facce nascoste

I numeri sono 4 e 1. Nel dado a sinistra sappiamo che opposto al 2 ci sarà il 5 e opposto a 1 ci sarà il 6. Restano quindi da sistemare il 3 e il 4. Poiché i numeri devono essere posti in senso antiorario il 4 dovrà andare sopra e il 3 sotto.

Con un ragionamento analogo deduciamo che nel dado a destra la faccia superiore sarà 1 e quindi quella inferiore 6.

10. Gettare i dadi

La somma 10 ha una probabilità 3/36, cioè $6 + 4$, $4 + 6$ e $5 + 5$, contro una probabilità di 4/36 per la somma 5, cioè $1 + 4$, $4 + 1$, $2 + 5$ e $5 + 2$.

11. Quante volte?

Poiché la probabilità che compaia un 6, nel lancio di un dado, è 1/6, dovremo lanciare, in media, 6 volte il dado per essere sicuri che esca un 6.

12. Una partita a dadi

Le coppie di numeri possibili con somma 9 sono 4:

$$(3, 6), (4, 5), (5, 4), (6, 3)$$

Le coppie di numeri possibili con somma 7 sono 6:

(1, 6), (2, 5), (3, 4), (4, 3), (5, 2), (6, 1)

La probabilità che esca 9 è quindi 4/36 = 1/9, mentre la probabilità che esca 7 è 6/36 = 1/6 quindi, come si dice, il gioco non è « equo » ed è meglio non giocare.

13. Numeri e dadi

A ogni numero vengono sommati i punti del dado che segue e quindi l'ultimo numero è 17.

14. Somma 8 con 2 dadi

A ogni lancio il numero dei casi possibili è 36, mentre i casi favorevoli sono 5:

(2; 6), (3; 5), (4; 4), (5; 3), (6; 2)

La probabilità prevista risulta quindi 5/36.

15. Le facce nascoste del dado

Poiché la somma sulle facce opposte è 7, opposto a 1 ci sarà 6 e opposto a 5 ci sarà 2. Rimangono quindi 4 e 3 per le altre due facce. Inoltre, poiché i numeri devono essere disposti in senso antiorario, possiamo dire che il 3 sta sopra e il 4 sotto.

16. Sempre la stessa faccia

$$(1/6)^4$$

La probabilità di avere un dato numero al primo tiro è 1/6, ed è 1/6 di 1/6, cioè $1/6 \times 1/6$ la probabilità che al secondo tiro si presenti ancora lo stesso numero, $1/6 \times 1/6 \times 1/6$ al terzo tiro e $1/6 \times 1/6 \times 1/6 \times 1/6 = (1/6)^4$ al quarto tiro.

Appendice

A1

Cardano studia, nel suo libro il lancio di due, tre e più dadi e calcola correttamente il numero dei risultati possibili, 6×6 con due dadi (36 come abbiamo visto), $6 \times 6 \times 6$ con tre dadi (216) e così via. Analizza poi il numero dei casi favorevoli in diverse situazioni, ad esempio con un totale che sia 9 o 10. Quest'ultimo caso era collegato a un gioco popolare ai suoi tempi: si tirano tre dadi, se la somma è 9 vince il giocatore che ha tirato i dadi, se viene 10 vince l'avversario e se viene un altro numero si tirano nuovamente i dadi. Si può dire che il gioco sia equo, cioè con un numero identico di probabilità di vincere o perdere?

Ci sono sei casi favorevoli al nove:

$$1+2+6; 1+3+5; 1+4+4; 2+2+5; 2+3+4; 3+3+3$$

E sei casi che esca invece il 10 come somma:

$$1+4+5; 1+3+6; 2+4+4; 2+2+6; 2+3+5; 3+3+4$$

A prima vista sembra quindi un gioco equo, ma attenzione.

Consideriamo la somma $1 + 3 + 5$. Si può presentare in sei modi diversi tutti ugualmente probabili:

$$(1; 3; 5); (3; 5; 1); (5; 1; 3;) (1; 5; 3); (3; 1; 5); (5; 3; 1)$$

In generale con tre addendi diversi, a, b e c i sei casi ugualmente probabili sono:

$$(a; b; c), (a; c; b), (b; a; c), (b; c; a), (c; b; a); (c; a; b).$$

Avremo quindi ancora sei modi diversi per la somma $1 + 2 + 6$ e altri sei per la somma $2 + 3 + 4$.

Se ci sono invece due addendi uguali, cioè due dadi con lo stesso numero, avremo soltanto tre casi possibili: (*a*; *a*; *b*), (*a*; *b*; *a*), (*b*; *a*; *a*).

Ad esempio, la somma 1 + 4 + 4 si può presentare in tre modi diversi: (1; 4; 4); (4; 1; 4); (4; 4; 1). Ci sono poi altri tre casi possibili per la somma 2 + 2 + 5 e soltanto un caso possibile con i tre addendi uguali: (*a*, *a*, *a*). Nel nostro caso, c'è solo una probabilità che si presenti 3 + 3 + 3 ed è (3; 3; 3).

In totale ci saranno quindi 25 casi possibili con la somma dei tre dadi uguale a 9. Se calcoliamo allo stesso modo i casi possibili con la somma uguale a 10, scopriamo che sono 27.

In conclusione, se tutti i casi possibili sono 6×6×6 = 216, possiamo dire che i casi favorevoli alla somma 9 con tre dadi sono 25/216 e sono invece 27/216 per la somma 10.

Abbiamo scoperto che il gioco, già studiato da Cardano, non è equo e non conviene puntare sul 9. Lo stesso problema venne poi studiato anche da Galileo, sollecitato nello studio del lancio dei dadi da alcuni nobili fiorentini che gli chiedevano spiegazioni riguardo al gioco della *Zara*. Come mai, si domandavano, uscivano con una frequenza maggiore, nel lancio di tre dadi, il 10 e l'11 rispetto al 9 o al 12? Galileo, forse a conoscenza del lavoro di Cardano, affrontò il problema in termini ancora intuitivi, ma conformi alla moderna teoria del calcolo delle probabilità.

A2

Uno dei problemi che il Chevalier de Méré sottopose al suo amico matematico, Blaise Pascal, era il seguente: «Se voglio fare 6 con il lancio di un dado devo chiedere almeno 4 lanci per avere più probabilità di vincere che di perdere. Se invece voglio fare un doppio 6 con il lancio di due dadi, non è più sufficiente che chieda 24 lanci, come sembrerebbe logico, ma ho verificato che devo farne di più per essere sicuro di vincere». Le considerazioni di de Méré si basavano semplicemente sulla sua grande esperienza di gioco, ma anche un certo ragionamento può trarre in inganno: un dado può cadere in 6 modi diversi e 4 lanci corrispondono ai 4/6, cioè ai 2/3, dei lanci possibili. Due dadi possono cadere in 36 modi diversi e 24 corrisponde proprio ai 2/3 di 36. La risposta intuitivamente sembra quindi che debba essere 4 e 24 il numero minimo di lanci necessari per essere sicuri di vincere. In pratica però, con il lancio di due dadi accadeva che 24 lanci non fossero sufficienti per avere una probabilità di vincere superiore a quella di perdere. Questo de Méré lo aveva verificato nella pratica del gioco e risultava per lui inspiegabile.

Pascal lo invitò semplicemente a calcolare meglio le probabilità. Nel caso di un dado, i sei risultati possibili hanno la stessa probabilità di presentarsi. Al primo lancio abbiamo 6 casi possibili, uno solo favorevole e 5 sfavorevoli. La probabilità di vincere è

$$1-\frac{5}{6}=\frac{1}{6}=0,1\overline{6}$$

Al primo lancio è quindi maggiore la probabilità di perdere che quella di vincere.

Al secondo lancio sempre di un solo dado, se abbiamo perso al primo, abbiamo 36 casi possibili, 25 sfavorevoli e 36 – 25 = 11 casi favorevoli. La probabilità di vincere è sempre inferiore a quella di perdere:

$$1-\left(\frac{5}{6}\right)^2=\frac{11}{36}=0,30\overline{5}$$

Al terzo lancio, se non abbiamo ancora vinto, abbiamo 216 casi possibili, 125 sfavorevoli e 216 – 125 = 91 casi favorevoli. La probabilità di vincere è ancora inferiore a quella di perdere:

$$1-\left(\frac{5}{6}\right)^3=\frac{91}{216}\approx 0,4212$$

Al quarto lancio, abbiamo 1296 casi possibili, 625 sfavorevoli e 1296 – 625 = 671 casi favorevoli. I casi favorevoli superano finalmente i casi sfavorevoli e la probabilità di vincere risulta maggiore di quella di perdere:

$$1-\left(\frac{5}{6}\right)^4=\frac{671}{1296}\approx 0,517$$

Ripetiamo lo stesso ragionamento per il lancio dei due dadi. Al primo lancio abbiamo 36 casi possibili, 35 sfavorevoli e 36 – 35 = 1 caso favorevole. La probabilità di vincere è

$$1 - \frac{35}{36} = 0,02\overline{7}$$

Al secondo lancio, la probabilità di vincere è:

$$1 - \left(\frac{35}{36}\right)^2 \approx 0,056$$

Proseguendo in questo modo, al ventiquattresimo lancio, si verifica che la probabilità di vincere è ancora inferiore a quella di perdere:

$$1 - \left(\frac{35}{36}\right)^{24} \approx 0,491$$

Al venticinquesimo lancio la probabilità di vincere diventa maggiore di quella di perdere:

$$1 - \left(\frac{35}{36}\right)^{25} \approx 0,505$$

Il calcolo esatto delle probabilità era quindi sufficiente per risolvere il problema di de Méré.

Per saperne di più

Jacopo Gelli, *Giuochi e passatempi*, Hoepli, Milano, 1979.

Martin Gardner, *Show di magia matematica*, Zanichelli, Bologna, 1980, pp. 207-217.

Ivars Peterson, *Un safari matematico*, Longanesi, Milano, 1998, pp. 19-47.

Rob Eastway, Jeremy Wyndham, *Probabilità, numeri e code*, Dedalo, Bari, 1998.

Leo van der Heijdt, *Face to face with dice, 5000 years of dice and dicing*, Gopher, Groningen, 2001.

Pseudo Cipriano, *Il gioco dei dadi*, EDB, Bologna, 2006.
Uno scritto attribuito a San Cipriano, ma più probabilmente opera di un vescovo del III-IV secolo. Una condanna del gioco dei dadi.

Giocare a dadi, De Vecchi, Milano, 2008.

Ian Stewart, *Dio gioca a dadi? La nuova matematica del caos*, Bollati Boringhieri, Torino, 2010.

Un grande sito dedicato al gioco dei dadi:
http://homepage.ntlworld.com/dice-play

Una delle liste più complete dei giochi con i dadi:
http://en.wikipedia.org/wiki/List_of_dice_games

I *Dadi Platonici*. Oltre i dadi cubici, in versioni interattive, i dadi aventi la forma degli altri poliedri regolari:
http://digilander.iol.it/liceorodolico/matematica.htm

Il gioco dei dadi nel Medioevo, la pagina web di Paolo Canettieri:
http://knol.google.com/k/il-gioco-dei-dadi-nel-medioevo

Il libro dei dadi di re Alfonso X:
http://games.rengeekcentral.com/tc4.html

Il sito dell'Istituto Nazionale di Statistica:
http://www.istat.it/it/

Un gioco con i dadi, utile come esercitazione sul calcolo aritmetico:
http://www.math.it/45/45.htm

Applet per i lanci di due dadi, con il grafico della frequenza dei punteggi usciti:
http://perso.wanadoo.fr/jpq/proba/s2des/

Un grande collezionista di dadi:
http://www.dicecollector.com/diceinfo_how_many_shapes.html

4
TARTAGLIA TRA NUMERI E BATTAGLIE

Chi brama di veder nove invenzioni,
non tolte da Platon, né da Plotino,
né d'alcun altro greco, over latino,
ma sol da l'arte, misura, e ragioni,
lega di questo le interrogazioni,
fatte da Pietro, Pol, Zuann' e Martino
(sì come l'occorrea sera e matino)
e simelmente le responsioni.

Niccolò Tartaglia,
Quesiti et inventioni diverse

1. Una vita travagliata

È l'alba di una fredda giornata invernale, il 19 febbraio 1512. A Brescia riecchеggiano le urla disperate della popolazione, massacrata dalla soldataglia francese che ha avuto l'ordine di dare una punizione esemplare alla città, ribellatasi alla Francia. I francesi erano guidati da Gaston de Foix (1489-1512), l'uomo d'armi celebre per la sua crudeltà, che sarebbe morto appena due mesi più tardi, a 23 anni, nella battaglia di Ravenna. Durante i sette giorni di rappresaglia vennero uccisi 46.000 bresciani.

Fra quanti cercavano di mettersi in salvo c'era un ragazzino di dodici anni, Niccolò Fontana. Sarà lui stesso, alcuni anni più tardi, a ricordare quei terribili momenti: «Quando che li francesi saccheggiorno Bressa, oltre che ne fu svalisata la casa, ma più che essendo io fugito nel domo de Bressa insieme con mia madre et mia sorella et molti altri huomini, credendone in tal luogo esser salvi, ma tal pensiero ne andò fallito perché alla presentia de mia madre mi fu date cinque ferrite mortali, cioè tre sulla testa et due sulla fazza fra le quale una me ne haveva à traverso la bocca et denti, la quale della masella et la medesima della inferiore, per la qual ferrita, non solamente io non poteva parlar, ma neanche poteva manzare». La profonda ferita al volto gli procurò un'accentuata balbuzie, per la quale i coetanei lo soprannominarono il «Tartaglia». Un soprannome che decise di mantenere, anche quando raggiunse la fama di grande matematico.

Tartaglia, nato nel 1500 (ma c'è qualche incertezza sulla data precisa), non ha sicuramente avuto una vita facile. Aveva perso il padre, un corriere a cavallo al servizio del governo della città, quando aveva appena sei anni. La sua famiglia era così finita in miseria e Tartaglia non poté permettersi di frequentare una scuola. Praticamente fu autodidatta e andò soltanto per 15 giorni, all'età di 14 anni, a una «scuola di scrivere», per imparare a scrivere l'alfabeto – come racconta nella sua autobiografia – ma arrivato alla lettera «k», la dovette abbandonare, non avendo più i soldi per pagare il maestro.

Trovò comunque un mecenate, Ludovico Balbisonio, passato alla storia proprio soltanto per questo suo intervento in favore di Tartaglia. Lo portò a Padova, dove ebbe modo di continuare i suoi studi dimostrando una straordinaria abilità in matematica. Ritornato a Brescia riuscì a rendersi impopolare tra i suoi concittadini per la sua arroganza e presunzione. Si trasferì quindi a Verona e successivamente a Venezia, le due città in cui visse e insegnò.

Tartaglia è stato uno dei grandi matematici del Cinquecento e il suo nome è legato, in particolare, alla scoperta delle formule risolutive delle equazioni di terzo grado. Per rivendicare la paternità di queste formule si trovò coinvolto in una spiacevole polemica senza fine, con un altro celebre matematico dell'epoca, Girolamo Cardano, ricco (prima di rovinarsi con il gioco) e famoso, medico illustre, consultato dai potenti di tutta Europa. «Una controversia piuttosto complicata e gretta – osserva Carl Boyer nella sua *Storia della matematica* –. È comunque certo che nessuno dei due protagonisti fu il primo a fare la scoperta.» Sollecitato da Cardano, che promise di non divulgare i suoi risultati, Tartaglia pur fra tanti dubbi alla fine cedette e glieli fece avere, ma Cardano non mantenne la sua promessa e rese pubblica la soluzione nel suo libro l'*Ars Magna*, pubblicato a Norimberga nel 1545. Questo fece imbestialire Tartaglia, che si sentì defraudato del suo lavoro. Cardano riconobbe di aver ricevuto la dimostrazione della regola direttamente da Tartaglia, osservando però che era già stata trovata in precedenza da Scipione del Ferro, presumibilmente attorno al 1515, il quale però morì senza che venisse divulgata la formula e riconosciuta quindi la sua paternità. Questo, secondo Cardano, lo autorizzava alla pubblicazione. Sembra comunque certo che Tartaglia non fosse mai venuto a conoscenza della formula trovata da Scipione del Ferro. **A1**

Dobbiamo ancora dire che Tartaglia viene considerato il padre della moderna balistica, cioè lo studio del moto dei proiettili.

La balistica venne infatti presentata per la prima volta come disciplina matematica nella sua opera *Nova Scientia* (1537). In essa descrive metodi e strumenti dell'artiglieria, sollecitato a interessarsi all'argomento, come scrive nella prefazione del libro, « da un mio intimo et cordial amico peritissimo bombardiere del Castel Vecchio [...] del modo di mettere a segno un pezzo de artiglieria al più che può tirare ».

Ritornò sull'argomento in un'altra sua opera, *Quesiti et inventioni diverse* (1546), in cui descrive la traiettoria di un proiettile in termini matematici e tenta anche di dimostrare che l'angolo di massima gittata è di 45°. Ed è quest'ultimo libro quello che più ci interessa, perché contiene una serie di problemi divertenti, che Tartaglia riprese in parte da testi più antichi.

2. Il triangolo arrivato dall'Oriente

1
1 1
1 2 1
1 3 3 1
1 4 6 4 1
1 5 10 10 5 1
1 6 15 20 15 6 1
1 7 21 35 35 21 7 1
1 8 28 56 70 56 28 8 1
1 9 36 84 126 126 84 36 9 1
1 10 45 120 210 252 210 120 45 10 1

C'è un triangolo numerico dal fascino straordinario, che merita un'attenzione particolare per le sue sorprendenti proprietà. Venne studiato più di mille anni fa dagli indiani, dai cinesi e arrivò in Europa attraverso gli arabi. Tartaglia fu tra i primi a occuparsene e oggi è noto in Italia come « Triangolo di Tartaglia », mentre in molti altri Paesi è noto come « Triangolo di Pascal », e vedremo il motivo di questa scelta.

In figura riportiamo le prime dieci righe di questo triangolo.

Ogni numero, tranne il *numero generatore*, cioè l'uno centrale, in alto, è la somma dei due numeri sovrastanti. Ai bordi si trova sempre 1, perché i due numeri sovrastanti sono, in questo caso, da una parte 1 e dall'altra nessun numero, cioè zero: $1 + 0 = 1$.

A prima vista sembra una configurazione numerica curiosa, ma senza grande interesse. Invece, nelle mani dei matematici, sempre in cerca di nuove frontiere, si è rivelata una struttura con applicazioni insospettate, ed è diventata il riferimento fondamentale di una nuova scienza: il « calcolo combinatorio ». Fu Blaise Pascal che si occupò a fondo del triangolo e nel 1654 scrisse un intero libro, *Le Triangle Aritmétique*, per illustrarne le diverse proprietà. Per questo il triangolo viene da molti chiamato « Triangolo di Pascal ». Ma in Italia, e non solo, prevale ancora il nome di « Triangolo di Tartaglia », e noi vogliamo mantenere questo nome, per simpatia verso un personaggio tanto sfortunato nella sua vita. Orfano del padre a sei anni, massacrato dai soldati francesi e, come non bastasse, con poche soddisfazioni anche nella matematica, sempre in lotta con colleghi più influenti di lui.

1										
1	**1**									
1	**2**	**1**								
1	**3**	**3**	**1**							
1	**4**	**6**	**4**	**1**						
1	**5**	**10**	**10**	**5**	**1**					
1	**6**	**15**	**20**	**15**	**6**	**1**				
1	**7**	**21**	**35**	**35**	**21**	**7**	**1**			
1	**8**	**28**	**56**	**70**	**56**	**28**	**8**	**1**		
1	**9**	**36**	**84**	**126**	**126**	**84**	**36**	**9**	**1**	
1	**10**	**45**	**120**	**210**	**252**	**210**	**120**	**45**	**10**	**1**
...										

Il triangolo nella configurazione di Pascal, a « triangolo rettangolo », una forma che consente un'analisi particolare di righe e colonne

Per avere una vaga idea di cosa sia il calcolo combinatorio e quanto questo sia collegato al nostro triangolo, possiamo riprenderne la più importante proprietà, analizzata da Pascal, legata ai suoi studi sulla teoria dei giochi e sul calcolo combinatorio o, più in generale, sul calcolo delle probabilità. Riportiamo in figura il triangolo nella configurazione di Pascal, più adatto a un'analisi di alcune sue proprietà fondamentali. Egli scoprì che i numeri del triangolo corrispondono alle diverse combinazioni possibili di un dato gruppo di oggetti, mettendo come regola che ogni combinazione abbia almeno un elemento diverso. Ad esempio, se abbiamo **5** oggetti *a*, *b*, *c*, *d*, *e*, li possiamo combinare a due a due in 10 modi diversi:

ab, *ac*, *ad*, *ae*, *bc*, *bd*, *be*, *cd*, *ce*, *de*

e **10** è proprio il numero all'incrocio della quinta riga (**5** oggetti) con la seconda colonna (**a 2 a 2**). Attenzione: si conta come zero la riga dell'1 iniziale e la colonna di 1.

Sei oggetti *a*, *b*, *c*, *d*, *e*, *f* si combinano a tre a tre in **20** modi diversi:

abc, *abd*, *abe*, *abf*, *acd*, *ace*, *acf*, *ade*, *adf*, *aef*,
bcd, *bce*, *bcf*, *bde*, *bdf*, *bef*, *cde*, *cdf*, *cef*, *def*

e **20** è il numero all'incrocio della sesta riga (**6** oggetti) con la terza colonna (**a 3 a 3**).

E questo è solo l'inizio di uno studio ampio e complesso, il calcolo combinatorio, che trova applicazioni in molti campi della matematica, indispensabile per risolvere alcune questioni fondamentali del calcolo delle probabilità. **A2**

3. Un triangolo per matematici e poeti

Vediamo ancora alcune proprietà del triangolo che aprono nuovi percorsi di indagine, portandoci a scoprire che le diverse proprietà si integrano fra loro, creando nuove strutture e nuovi spazi, sempre più ampi e sempre collegati fra loro. Queste costruzioni, che scaturiscono dalle accurate indagini sul celebre triangolo, e che trovano sorprendentemente tante applicazioni, sono un bell'esempio del fascino che la matematica può esercitare.

Vediamo, ad esempio, il curioso collegamento del triangolo con le potenze del 2.

$$
\begin{array}{ll}
1 & = 2^0 \\
1 + 1 & = 2^1 \\
1 + 2 + 1 & = 2^2 \\
1 + 3 + 3 + 1 & = 2^3 \\
1 + 4 + 6 + 4 + 1 & = 2^4 \\
1 + 5 + 10 + 10 + 5 + 1 & = 2^5 \\
1 + 6 + 15 + 20 + 15 + 6 + 1 & = 2^6 \\
1 + 7 + 21 + 35 + 35 + 21 + 7 + 1 & = 2^7 \\
1 + 8 + 28 + 56 + 70 + 56 + 28 + 8 + 1 & = 2^8 \\
1 + 9 + 36 + 84 + 126 + 126 + 84 + 36 + 9 + 1 & = 2^9 \\
1 + 10 + 45 + 120 + 210 + 252 + 210 + 120 + 45 + 10 + 1 & = 2^{10} \\
\dots &
\end{array}
$$

Come si vede dalla tabella, la somma dei termini di ogni riga è la successione delle potenze del 2. Si può anche dire che la somma dei termini di ogni riga è il doppio della somma dei termini della riga precedente e che la somma dei termini di ogni riga, diminuita di 1, è uguale alla somma dei termini di tutte le righe che lo precedono. Ad esempio, la somma dei termini della sesta riga è 64, e la somma di tutti i termini delle righe precedenti è 64 − 1, com'è facile verificare.

Sorpresa: se si sommano i numeri in diagonale, nel modo indicato in figura, si ottiene la famosa successione di Fibonacci, nata da un problema del matematico che nel Duecento portò lo zero in Europa.

	1										
1	1	1									
1	1	2	1								
2	1	3	3	1							
3	1	4	6	4	1						
5	1	5	10	10	5	1					
8	1	6	15	20	15	6	1				
13	1	7	21	35	35	21	7	1			
21	1	8	28	56	70	56	28	8	1		
...	1	9	36	84	126	126	84	36	9	1	
	1	10	45	120	210	252	210	120	45	10	1
	...										

Ancora una proprietà aritmetica: ogni termine del triangolo è uguale alla somma di tutti i termini che lo precedono, nella colonna alla sua sinistra.

1										
1	**1**									
1	**2**	**1**								
1	**3**	**3**	**1**							
1	**4**	**6**	**4**	**1**						
1	**5**	**10**	**10**	**5**	**1**					
1	**6**	**15**	**20**	**15**	**6**	**1**				
1	**7**	**21**	**35**	**35**	**21**	**7**	**1**			
1	**8**	**28**	**56**	**70**	**56**	**28**	**8**	**1**		
1	**9**	**36**	**84**	**126**	**126**	**84**	**36**	**9**	**1**	
1	**10**	**45**	**120**	**210**	**252**	**210**	**120**	**45**	**10**	**1**
...										

Nelle potenze di 1001^n, come nelle potenze di 10001^n, 100001^n, ritornano i numeri del triangolo, separati da un certo numero di zeri.

Quanti sono questi zeri? È una ricerca che lasciamo al lettore.

$1001^1 = 1001$

$1001^2 = 1002001$

$1001^3 = 1003003001$

$1001^4 = 1004006004001$

$1001^5 = 1005010010005001$

$1001^6 = 1006015020015006001$

$1001^7 = 1007021035035021007001$

...

Ritroviamo la stessa configurazione numerica del Triangolo di Tartaglia in un libro cinese del 1303: *Il Prezioso Specchio dei Quattro Elementi* di Chu Shih-Chieh. In esso vengono riportate le potenze di un binomio fino all'ottava potenza, con una rappresentazione dei numeri a bastoncino. Chu non ne rivendica la paternità, ma fa riferimento a un «vecchio metodo» e ci sono libri cinesi più antichi, del XII secolo, che riportano lo stesso schema.

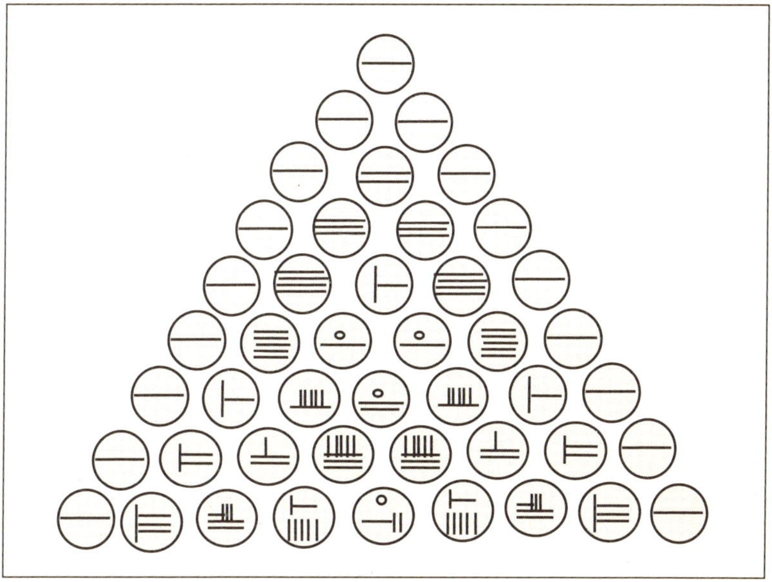

Anche un celebre matematico arabo si è occupato di questo triangolo. È Omar Khayyam (1048-1131), che ne studiò le applicazioni alle potenze di un binomio, e come tale lo ritroviamo in tutti i testi di algebra, anche a livello di scuola dell'obbligo. **A3**

Omar Khayyam, nato a Nishapur in Iran, è stato un grande matematico, astronomo, filosofo e poeta, un personaggio singolare, al quale il cinema hollywoodiano ha dedicato addirittura un film, *Le avventure e gli amori di Omar Khayyam.*

La sua fama di poeta superò quella pur grande di matematico. Ecco alcune sue splendide quartine:*

Se aver puoi sol per te un pane di bianco frumento,
Due fiaschi colmi di vino, un coscio d'agnello sugoso,
E qualcuna, dolce al cuore, in un paesaggio deserto:
Ecco la felicità che nessun sultano ti può rubare.

A cruccio verun del mondo non dar peso, e insisti in tal dovere.
Coi pianti di ieri e domani, non avvilire la speme nel cuore.
Vivi lieto da viandante d'una dimora precaria e breve:
Non salverai alcun tesoro, manco un chicco di grano nero.

Quelli che oceani furono di scienza e perfezione,
E, con sferza di virtù, divennero luminari d'umanità,
Un passo non fecero fuor dalle tenebre del mondo:
Narrarono molte fiabe e, torpidi, ricaddero nel sonno.

Dal mio venire al mondo non venne ai cieli vantaggio
e la lor gloria e potenza l'andarmen via non accresce
l'orecchio mio da nessuno, mai, poté udire
a quale scopo fosse questo venire e andare.

Sii felice, che pene a non finir verranno ancora.
In cielo, altri pianeti si congiungeranno ancora.
E quel mattone, fatto con l'umida terra di cenere tua,
Diverrà muro di casa per molti uomini ancora.

Sappi velare i secreti tuoi a' guardi dell'umana specie.
Impara a celare il tuo mistero con la genia mendace.
Con le creature di Dio, pesa bene il tuo fare:
D'altri non t'aspettare che i piccioli di tua moneta.

* Le quartine sono nella traduzione di Pierre Pascal (Omar Khayyam, *Roba'iyyat*, Boringhieri, Torino, 1960).

4. Problemi divertenti

Dal libro di Tartaglia *Quesiti et inventioni diverse*, riprendiamo alcuni dei problemi più curiosi.

1. I cammelli in eredità

Un uomo che stava morendo chiamò i tre figli al suo capezzale e disse loro di dividersi i suoi 17 cammelli in modo che la metà di essi fosse data al primo figlio, la terza parte al secondo e la nona al terzo figlio. Non sapendo come fare, chiesero consiglio al giudice del paese, il quale arrivò con il suo cammello che unì agli altri. In questo modo diede 9 cammelli al primo figlio, 6 al secondo e 2 al terzo e ripreso il suo cammello se ne andò, ringraziato dai tre fratelli, soddisfatti.

È stata corretta la partizione dell'eredità?

2. I ducati del padre morente

Un padre ha alquanti figlioli, e fa testamento, e fra le altre cose ha una quantità di ducati in una cassa, e di detti denari lascia:

al primo figliolo, 1 ducato e 1/8 del rimanente;
al secondo figliolo, 2 ducati e 1/8 del rimanente;
al terzo figliolo, 3 ducati e 1/8 del rimanente;
...

e così via procedendo, e accrescendo con tale ordine a ciascuno dei figli, eccetto l'ultimo, al quale lasciò tutti i ducati che erano rimasti. Alla fine i figli si trovarono tutti con lo stesso numero di ducati. Ora Tartaglia ci chiede quanti ducati aveva in cassa il padre e quanti figli aveva.

3. Monete in gioco

Ci sono tre persone e tre monete, una d'oro, l'altra d'argento e la terza di rame. Si danno alle tre persone rispettivamente 1, 2, 3 granelli, e sul tavolo se ne lasciano 18. Chi fa il gioco va in disparte e invita le tre persone a prendere una moneta per uno. Poi si prega colui che ha la moneta d'oro di prendere tanti granelli quanti ne ha in mano; chi ha la moneta d'argento ne prenda il doppio di quelli che aveva; chi ha la moneta di rame prenda il quadruplo dei granelli che gli furono dati.

Allora si contano i granelli rimanenti dei 18. Essi possono essere 1, 2, 3, 5, 6, 7, corrispondenti alle 6 permutazioni dei tre oggetti. Questa è la versione del problema ripresa da Peano nei suoi *Giochi di aritmetica e problemi interessanti.**

Come trovare la soluzione?

4. Divisione del balsamo in tre parti uguali

Tre ladri rubano un vaso contenente 24 once di un balsamo prezioso. Prima di scomparire, passano in un negozio dove acquistano tre ampolle, le uniche disponibili, da 5, 11 e 13 once. In che modo i tre ladri potranno dividersi il prezioso balsamo in tre parti uguali usando le tre ampolle disponibili?

5. Turchi e cristiani nel mare in tempesta

In un vascello nel mare in tempesta si trovano 15 turchi e 15 cristiani. Il comandante, per salvare il vascello, ordina di gettare in mare metà dei passeggeri scelti secondo una regola precisa. Tutti i passeggeri vengono disposti in cerchio e successivamente, partendo da un dato punto, uno ogni nove viene gettato in mare.

Com'è possibile fare in modo che vengano sorteggiati soltanto i passeggeri turchi, in modo da salvare i cristiani?

6. Le uova al mercato

Due fratelli avevano insieme 40 soldi; se li divisero; il primo con 20 soldi compra delle uova a 1 soldo l'uno e le vende a 2 soldi; il

* Federico Peiretti, *op. cit.*, cap. 2, «Pitagora, la matematica con i sassi».

secondo compra delle uova a 2 soldi l'uno e le rivende a 1 soldo; poi rimettono insieme i loro soldi. Quanto hanno guadagnato?

7. Galline e conigli

In un cortile ci sono galline e conigli. In tutto contiamo 40 teste e 100 zampe. Quante sono le galline e quanti i conigli?

8. Il debito

C'è un tale che mi deve un certo numero di ducati. Me ne ha dato soltanto una parte, tale che mi deve ancora 300 ducati. Sappiate che considerando 1/5 di quello che mi ha dato, moltiplicato per se stesso, ottengo ancora il debito totale. Chiedo a quanto ammontava il debito.

9. Soldati a piedi e a cavallo

Un signore vuole organizzare un proprio esercito di soldati a piedi e a cavallo. Vuole spendere 255.000 ducati per i soldati a cavallo, a ognuno dei quali vuole dare 8 ducati e mezzo e li vuole pagare per 6 mesi. Vuole invece spendere 45.000 ducati per i pedoni, a ognuno dei quali vuole dare 2 ducati e mezzo, pagandoli sempre per 6 mesi. Si chiede quanti soldati a piedi potrebbe arruolare e quanti a cavallo.

10. Quanti pezzi?

Un tale ha dato via un terzo più li 3/8 del suo formaggio e ancor se ne trova 84 pezzi. Dimando quanti pezzi erano in tutto.

11. Padri e figli

Ecco un problema proposto da Tartaglia, un classico che ritroviamo in ogni tempo e paese. Presentiamo anche questo nella sua personale versione:

Chi te dicesse così egli è uno cittadino che ha tre fasani, li quali vorria donar a duoi padri e a duoi figliuoli, e dargliene uno per uno, dimando come lui farà.

12. I piroscafi

Due piroscafi A e B sono partiti insieme per un viaggio di 6000 miglia all'andata e altrettante al ritorno.

Il piroscafo A mantiene una velocità di 8 miglia all'ora nell'andata e 12 miglia all'ora nel ritorno; il piroscafo B mantiene una velocità costante di 10 miglia all'ora. Arrivano essi insieme al luogo di partenza?

13. I lati di un triangolo

Maestro Alessandro
Essendo io in Firenze già da quattro mesi, e mi fu data una ragione la quale sono certo che è impossibile a risolversi, come credo che anche voi affermerete.

Nicolò
E come dice questa vostra ragione?

Maestro Alessandro
Dice così. C'è un triangolo di tre lati disuguali, la cui base è 10 e l'altezza (relativa alla detta base) è 8, e gli altri due lati sommati assieme fanno 20.

Si domanda quanto misura ciascuno dei detti lati.

14. Triangolo equilatero e quadrato inscritto

Disse Misser Bernardino: « Io son stato a Bressa e me stato fatto uno quesito da un certo Maestro Zoan da Coi el quale sapendo haria da caro che mel resolvesti el qual quesito dice in questa forma. Voria che nel sottoscritto triangolo ABC equilatero me gli fusse inscritto geometricamente un quadrato ».

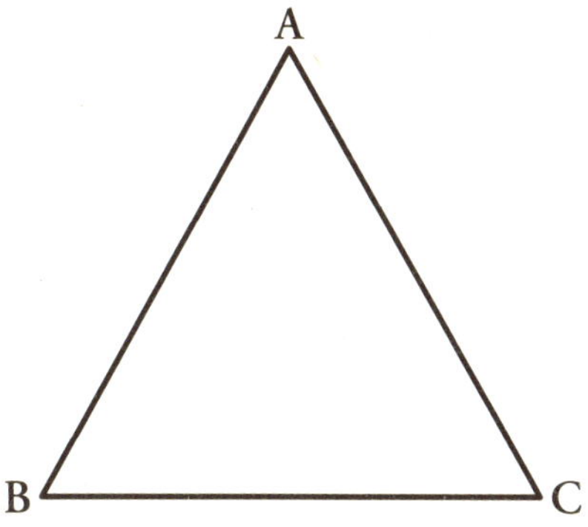

Si tratta, in pratica, di inscrivere un quadrato in un triangolo equilatero.

5. Risposte

1. I cammelli in eredità

Osserva Giuseppe Peano,* che riprese il problema nel suo libro *Giochi di aritmetica e problemi interessanti*: il padre non distribuì tutta l'eredità; infatti

$$1/2 + 1/3 + 1/9 = 17/18 < 1$$

2. I ducati del padre morente

Il padre aveva 49 ducati e 7 figli.

3. Monete in gioco

Chiamo metallo 0, metallo 1, metallo 2, rispettivamente oro, argento e rame. Divido (8 – numero dei granelli rimasti) per 3; il quoto è il metallo scelto dalla terza persona, e il resto è quello del-

* Cfr. cap. 8, «Giuseppe Peano, per una matematica divertente».

la seconda. *Le monete si possono sostituire con un pomo, un fico, una noce.*

4. Divisione del balsamo in tre parti uguali

A ogni ladro andranno ovviamente 8 once di balsamo. Quello che segue è lo schema dei travasi da effettuare per ottenere le tre parti uguali.

Ampolla	da 24 once	da 5 once	da 11 once	da 13 once
	24	0	0	0
	0	5	11	8
	16	0	0	8
	16	0	8	0
	3	0	8	13
	3	5	8	8
	8	0	8	8

5. Turchi e cristiani nel mare in tempesta

È un problema ricorrente nei libri di giochi matematici, ripreso ad esempio da Claude Gaspar Bachet.*

Tartaglia dà una soluzione legata alla seguente frase:

Populeam virgam mater regina tenebat.

Le consonanti non contano, mentre le vocali a, e, i, o, u valgono 1, 2, 3, 4 e 5. In questo modo si crea la successione dei numeri 4, 5, 2, 1, 3, 1, 1, 2, 2, 3, 1, 2, 2, 1.

A questo punto si ha la soluzione richiesta: è sufficiente disporre 4 cristiani, 5 turchi, 2 cristiani, ecc.

* Federico Peiretti, *op. cit.*, cap. 5, « Claude Gaspar Bachet, Signore di Méziriac e dei numeri ».

Si può anche togliere ogni terzo passeggero per eliminare tutti i turchi. Sempre Tartaglia dà, per questo, la seguente frase:

Egl'è passata Venere amata, che fece la barchetta rea.

Si devono quindi porre 2 cristiani, 2 turchi, 1 cristiano, 1 turco, ecc.

6. Le uova al mercato

Guadagnarono 10 soldi.

7. Galline e conigli

Ci sono 30 galline e 10 conigli.

8. Il debito

Il debito totale era di 400 ducati. **A4**

9. Soldati a piedi e a cavallo

Se i soldati a cavallo fossero 1000, pagandoli ciascuno 8 e 1/2 ducati al mese e quindi per 6 mesi $(8 + 1/2)\times 6 = 51$ ducati, la spesa sarebbe di 51.000 ducati. Se vuol spendere 255.000 ducati, cioè 5 volte 51.000, avrà 5000 soldati a cavallo. Per i soldati a piedi, se fossero 1000, avrebbe una spesa, nei 6 mesi previsti, di $(2 + 1/2) \times 6 \times 1000 = 15.000$ ducati. Ma volendo spendere 45.000 ducati, cioè 3 volte tanto, avrà $1000\times 3 = 3000$ soldati a piedi.

10. Quanti pezzi?

In tutto aveva 288 pezzi. **A5**

11. Padri e figli

C'è un padre che ha un figlio, il quale a sua volta ha un figlio e quindi è anche padre. In totale sono tre persone.

12. I piroscafi

B precede A di 50 ore.

13. I lati di un triangolo

I due lati misurano 10 + sqr(33/3) e 10 – sqr(33/3).
Ai più bravi il compito di verificare questa soluzione.

14. Triangolo equilatero e quadrato inscritto

- Disegnare l'altezza AD perpendicolare a BC. Dal punto A tracciare una retta parallela a BC lunga metà dell'altezza AD.
- Tracciare il segmento ED che interseca il lato AC nel punto F.
- Tracciare la retta perpendicolare a BC passante per F.
- Tracciare la retta parallela a BC passante per H.
- Tracciare la retta perpendicolare a BC passante per H.

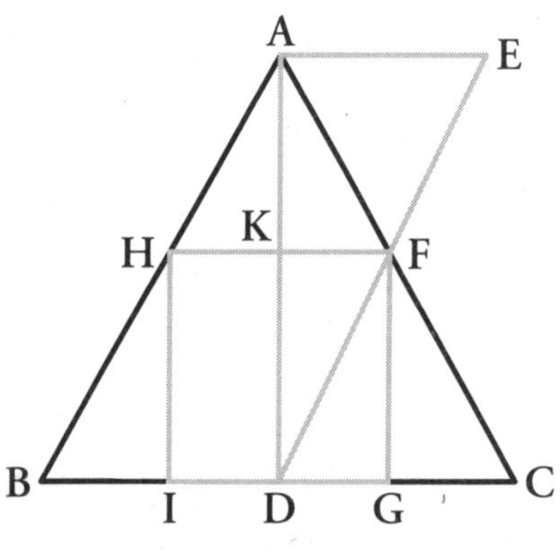

Il quadrato FGIH è inscritto nel triangolo ABC.

Il triangolo ADE è simile al triangolo FDG, e il lato AD è il doppio di AE e allo stesso modo il lato FG è il doppio di DG e FH è il doppio di FK. Quindi il lato FH è uguale a FG e così avviene per gli altri due lati; i quattro angoli sono retti perché

FG e HI sono perpendicolari a BC. In conclusione FGIH è un quadrato.

Appendice

A1

Accenniamo soltanto alle equazioni di terzo grado, di cui non ci occupiamo in questa sede, riportando una curiosa poesia che Tartaglia a un certo punto inviò a Cardano, con il quale i rapporti erano piuttosto difficili e tesi. In questi versi, come scrisse al suo avversario, si nascondeva la soluzione da lui scoperta, nel 1534, quand'era a Venezia, *nella città dal mare intorno centa*:

Quando che 'l cubo con le cose appresso
se agguaglia a qualche numero discreto
trovan dui altri differenti in esso.
Da poi terrai questo per consueto
che il loro produtto sempre sia eguale
al terzo cubo delle cose netto,
El residuo poi suo generale
delli lor lati cubi ben sotratti
varrà la tua cosa principale.
In el secondo de codesti atti
quando che 'l cubo restasse lui solo
tu osserverai quant'altri contratti,
Del numero farai due tal partà volo
che l'una in l'altra si produca schietto
el terzo cubo delle cose in stolo
Dalla qual poi, per commun precetto
torrai li lati cubi insieme gionti
et cotal somma sarà il tuo concetto.
El terzo poi de questi nostri conti
se solve col secondo se ben guardi
che per natura son quasi congionti.

Questi trovai, et non con passi tardi
nel mille cinquecente, quatro e trenta
con fondamenti ben saldi e gagliardi
Nella città dal mare intorno centa.

Nei primi due versi viene indicata l'equazione $x^3 + px$ (« 'l cubo con le cose appresso ») uguale (« se agguaglia ») a q (« a qualche numero discreto »).

Questa equazione

$$x^3 + px = q$$

è infatti, come sapevano bene i matematici del Cinquecento, l'equazione alla quale si riduce una qualsiasi equazione di terzo grado

$$ax^3 + bx^2 + cx + d = 0$$

con alcuni semplici passaggi.

Si deve porre per questo

$$x = y - b/3a$$

$$a(y - b/3a)^3 + b(y - b/3a)^2 + c(y - b/3a) + d = 0$$

Se svolgiamo i calcoli, vediamo che si elimina il termine di secondo grado e con le opportune sostituzioni si arriva a un'equazione corrispondente a quella descritta da Tartaglia.

Chi fosse interessato ad approfondire l'argomento, a decifrare tutti i versi della poesia matematica e a scoprire la formula risolutiva delle equazioni di terzo grado, troverà i riferimenti necessarie al termine di questa lezione.

A2

Nel suo libro, Pascal riporta una formula che consente di ricavare un termine qualsiasi del triangolo, data la sua posizione. Se il termine appartiene alla riga r e alla colonna s, si ha

$$n = \frac{r(r-1)(r-2)...(r-s+1)}{1 \times 2 \times 3 \times ... s}$$

Ad esempio, il termine dell'ottava riga e quinta colonna è:

$$n = \frac{8 \times 7 \times 6 \times 5 \times 4}{1 \times 2 \times 3 \times 4 \times 5} = 56$$

Pascal osservò inoltre che quando nella prima colonna del triangolo compare un numero primo, e solo in questo caso, tutti i termini della riga corrispondente, tranne il primo e l'ultimo, sono multipli di tale numero. Ad esempio, nella settima riga, a parte l'1 iniziale e quello finale, tutti i termini sono multipli di 7.

A3

Chi ha studiato il calcolo letterale saprà, ad esempio, che

$$(a+b)^2 = a^2 + 2ab + b^2$$

1, **2** e **1**, i coefficienti dei tre termini, sono i numeri della seconda riga del triangolo (senza contare, come abbiamo detto, il numero generatore).

$$(a+b)^3 = a^3 + 3a^2b + 3ab^2 + b^3$$

1, **3**, **3** e **1**, i coefficienti dei quattro termini, sono i numeri della terza riga del triangolo.

$$(a+b)^5 = a^5 + 5a^4b + 10a^3b^2 + 10a^2b^3 + 5ab^4 + b^5$$

1, **5**, **10**, **10**, **5** e **1**, i coefficienti dei sei termini, sono i numeri della quinta riga.

A4

Vediamo la soluzione algebrica.

Indichiamo con x (l'incognita che Tartaglia chiama la « cosa ») la parte data dal debitore. Quindi il debito totale è $300 + x$. Inoltre, se moltiplichiamo 1/5 del debito, cioè $1/5\ x$ per la stessa quantità, cioè $1/25\ x^2$, otteniamo il debito totale. E quest'ultimo risultato dev'essere uguale al debito totale.

Otteniamo in questo modo

$$1/25x^2 = 300 + x$$

$$x^2 - 25x - 7500 = 0$$

Equazione che risolta dà la soluzione positiva (le sole note al tempo di Tartaglia) 100.

A5

È sufficiente impostare un'equazione di primo grado:

$$[1 - (1/3 + 3/8]x = 84 \text{ cioè } (7/24)x = 84$$

Per saperne di più

Fabio Toscano, *La formula segreta. Tartaglia, Cardano e il duello matematico che infiammò l'Italia del Rinascimento*, Sironi, Milano, 2009.

Martin Gardner, *Carnevale matematico*, Zanichelli, Bologna, 1977, pp. 162-172.

La Nova Scientia e i Quesiti et Inventioni Diverse, LED Edizioni Universitarie, Milano, 1998.

G.B. Gabrieli, *Nicolò Tartaglia: invenzioni, disfide e sfortune*, Università degli Studi di Siena, Siena, 1986.

È in costruzione un archivio elettronico dedicato a Tartaglia, nel quale saranno raccolte le sue opere e gli studi dedicati ai suoi lavori: http://brescia.unicatt.it/bibliotecavigano/bibliotecavigano_2024.html

La biografia di Tartaglia e la matematica del Cinquecento: http://www.gap.dcs.stand.ac.uk/~history/Mathematicians/Tartaglia.html

È in rete, gratuito, il testo di Tartaglia *Quesiti et inventioni diverse*. Si raggiunge da Google Books.

5
FACCIAMO A PEZZI LA GEOMETRIA

Anche una persona che non ha alcuna conoscenza della geometria sentirà il bisogno di esclamare «Com'è bello!» Infatti ho conosciuto più di una persona che è stata portata allo studio della geometria proprio dal fascino delle dissezioni.

H.E. Dudeney, *Amusements in Mathematics*

1. Storia delle dissezioni

Chi ha conosciuto la geometria attraverso figure statiche e intoccabili, protagoniste di molti teoremi presentati come valori assoluti, accoglierà con soddisfazione l'invito a fare a pezzi queste figure, a smontarle e ricostruirle, arrivando così a padroneggiarle, nel modo più divertente. Le *dissezioni* sono il primo passo verso il mondo della geometria e hanno una grande tradizione. Le ritroviamo già nell'Antica Grecia, quando i matematici si chiedevano, ad esempio, come fosse possibile dividere due quadrati uguali per ottenerne uno più grande. E le ritroviamo nei testi di Archimede che descrive un gioco chiamato *Stomachion*.* Si parte da un quadrato, diviso in quattordici pezzi, con i quali è possibile costruire un mondo di immagini curiose.

Storicamente, per presentare questo argomento, dobbiamo ricordare anche i matematici arabi. In particolare Abu al-Wafa' Buzjani, celebre matematico e astronomo vissuto nel X secolo alla corte del califfo di Baghdad. È stato tra i primi a dedicare un intero libro all'argomento delle dissezioni dei poligoni. Dai frammenti del suo libro, andato in gran parte perduto, riportiamo

* Federico Peiretti, *op. cit.*, cap. 3, «Archimede».

uno dei problemi più noti: la scomposizione di tre quadrati identici che, sezionati in modo opportuno, in nove pezzi, possono formare un unico quadrato più grande.

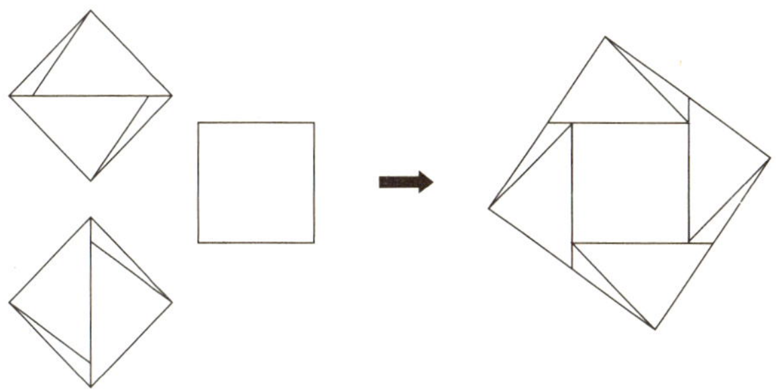

La scomposizione, realizzata da Abu al-Wafa', di tre quadrati uguali in nove pezzi, e ricomposti in un unico quadrato più grande

Solo all'inizio del Novecento la dissezione di Abu al-Wafa' venne riproposta da Henry Ernest Dudeney* che riuscì inoltre a trovare una nuova soluzione soltanto in sei pezzi. Un record ancora oggi imbattuto.

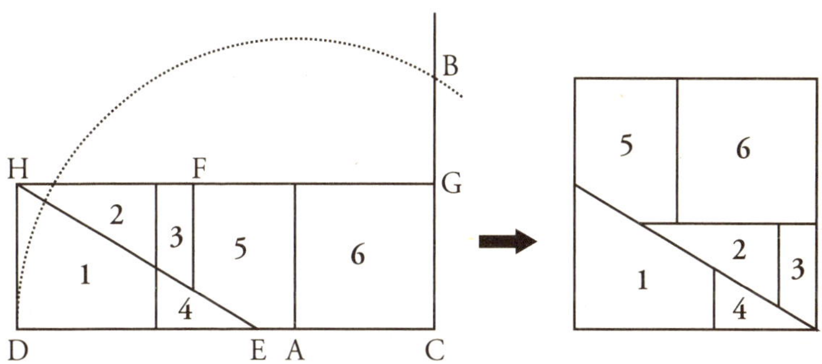

La scomposizione dei tre quadrati realizzata da Dudeney, in soli sei pezzi, con i quali si costruisce il quadrato più grande: tracciato un cerchio con centro in A, si traccino BC = DE = FG

* Federico Peiretti, *op. cit.*, cap. 12, « Henry Ernest Dudeney ».

2. Protagonista il quadrato

Molte dimostrazioni del teorema di Pitagora comportano la dissezione del « quadrato costruito sull'ipotenusa » per far vedere che la sua area è uguale a quella dei quadrati costruiti sui due cateti. Si tratta quindi di una scomposizione di un quadrato in due quadrati.

Riportiamo in figura, per curiosità, la dimostrazione di Henry Perigal, un agente di cambio inglese con la passione per la matematica. Egli divise il quadrato costruito sul cateto maggiore in quattro parti, con due segmenti passanti per il centro del quadrato stesso, uno dei quali parallelo e l'altro perpendicolare all'ipotenusa BC, e ricompose poi i quattro pezzi, insieme al quadrato costruito sull'altro cateto, nel quadrato dell'ipotenusa. Si tratta naturalmente di dimostrare l'equivalenza delle parti in cui sono stati divisi i quadrati dei cateti con quelle ricomposte sul quadrato dell'ipotenusa.

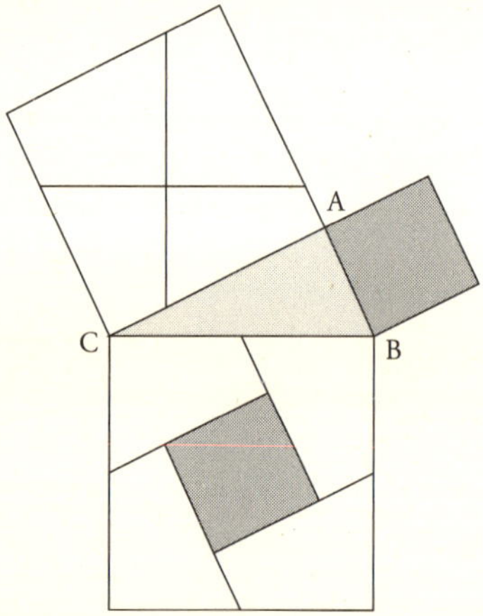

Un'altra dimostrazione molto bella è quella del matematico persiano Nasir al-Din al-Tusi, vissuto a Baghdad nel Duecento. **A1**

Proseguiamo con altre scomposizioni del quadrato. È possibile scomporre un quadrato in pezzi che si possono ricomporre in uno qualsiasi degli altri poligoni regolari. È la stessa cosa ovviamente partire da un poligono qualsiasi e ricomporlo in un quadrato. L'obiettivo resta quello di trovare una scomposizione con il minor numero di pezzi possibile. Ed è questa la ricerca dei più abili esperti di dissezioni, i « dissezionisti ».

La dissezione più celebre è di H.E. Dudeney: la trasformazione di un quadrato in un triangolo e viceversa.

Non è un problema semplice, ed è stato battezzato da Dudeney il « problema del merciaio ». Si tratta di dividere un triangolo equilatero in quattro parti tali che, riunite insieme, possano formare un quadrato. **A2**

In seguito, Dudeney costruì un modello in metallo della sua soluzione. I quattro pezzi vennero incernierati in modo da poter formare sia il quadrato che il triangolo, ed ebbe la soddisfazione di presentare la sua scoperta matematica, nel 1905, alla prestigiosa *Royal Society* inglese.

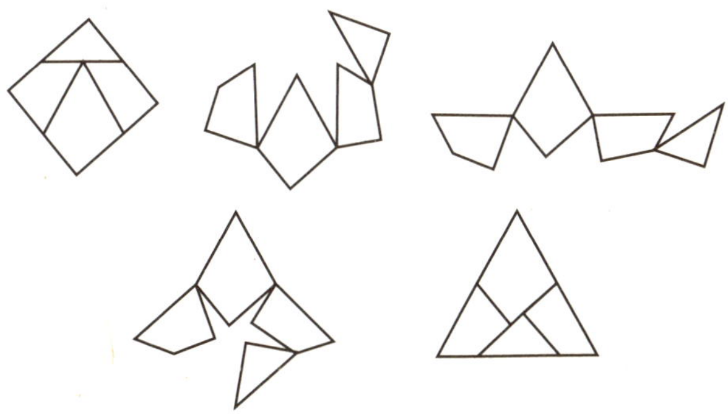

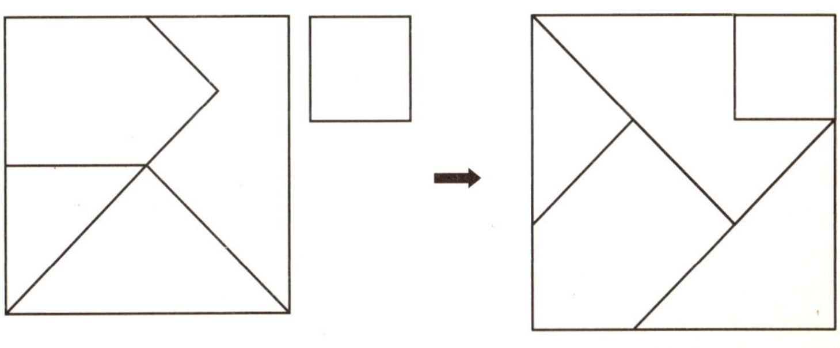

Due quadrati ricomposti in un quadrato più grande. Due delle quattro linee da tracciare per determinare i pezzi della dissezione sono parte delle due diagonali e le altre due linee partono dai punti medi di due lati

Il più classico dei problemi è la scomposizione della croce greca in modo da formare un quadrato. Quelle che seguono sono due delle soluzioni possibili, presentate da Dudeney. La prima, dice Dudeney, arriva dall'India e risale a più di tremila anni fa. La seconda è invece del XIX secolo e prevede soltanto quattro parti, invece di cinque. La costruzione è evidente. In entrambi i casi si prendono i punti medi dei lati della croce, operando poi i tagli indicati.

Trasformiamo un ottagono in un quadrato, tagliandolo in cinque pezzi.

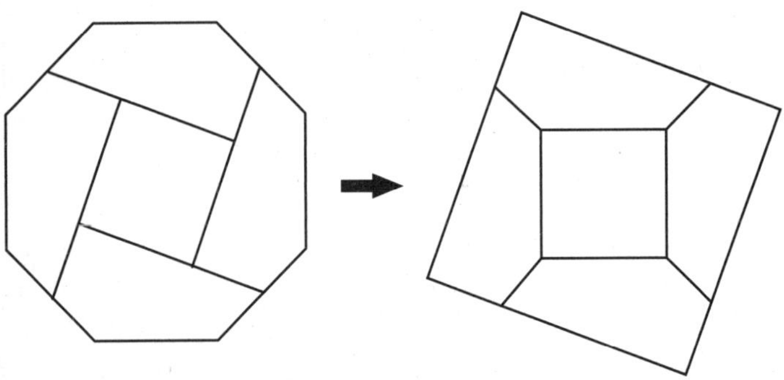

La trasformazione di un esagono in un quadrato è più complicata, ma la riportiamo per curiosità.

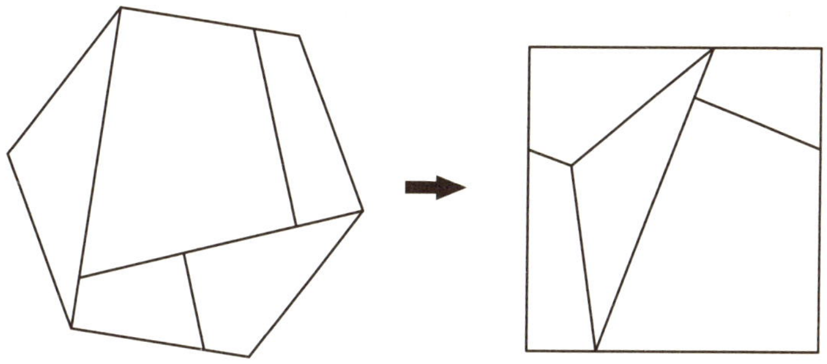

Vediamo ancora la scomposizione di un esagono regolare in un parallelogramma, tagliandolo in due pezzi. E in tre pezzi, in modo da formare un rombo, oppure in quattro pezzi, in modo da formare due triangoli equilateri.

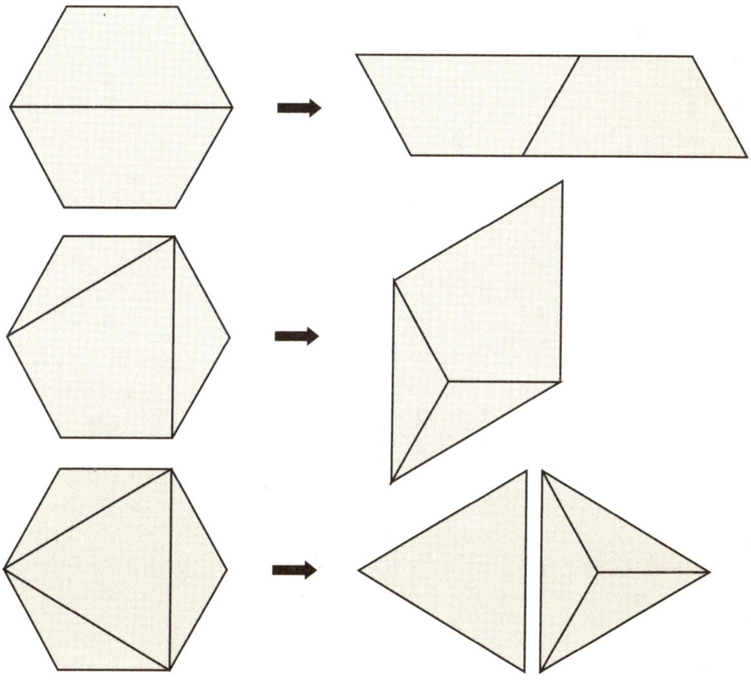

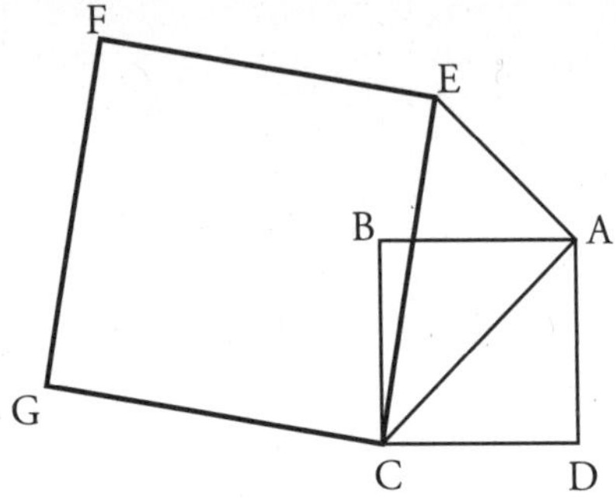

Riportiamo la costruzione di un quadrato la cui area è tre volte quella di un dato quadrato.

Dato il quadrato ABCD, si traccia la diagonale AC, che risulta il lato di un quadrato di area doppia del quadrato ABCD. Si traccia poi, dal punto A, la perpendicolare AE = AD alla diagonale AC e il segmento EC, che risulta il lato del quadrato che cercavamo, CEFG. La sua area è tre volte quella del quadrato ABCD.

Al lettore che conosce i radicali il compito di trovare la dimostrazione.

3. I numeri di Catalan

I *numeri di Catalan* sono numeri che nascono dalle possibili scomposizioni di un poligono in triangoli, tramite diagonali, con una regola precisa: le diagonali non devono intersecarsi.

Eugène Charles Catalan (1814-1894) trovò una soluzione molto semplice ed elegante del problema. Era un matematico belga che incontrò molte difficoltà nel proprio lavoro per le sue idee repubblicane. Si autodefinì «geometra senza patria, repubblicano senza repubblica».

Vediamo la rappresentazione grafica di alcuni di questi numeri: un quadrato, ad esempio, può essere scomposto in triangoli, secondo la regola data, in 2 modi diversi, un pentagono in 5 modi diversi e un esagono ha già 14 diverse scomposizioni.

Quadrato, 2 soluzioni:

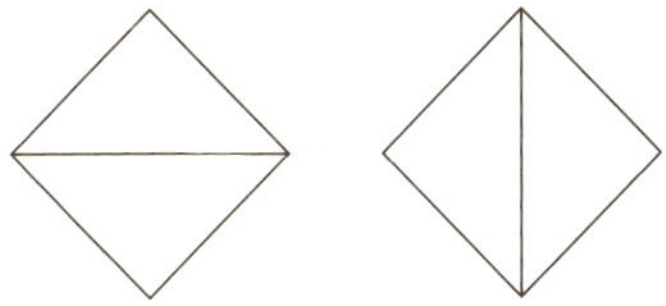

Pentagono, 5 soluzioni:

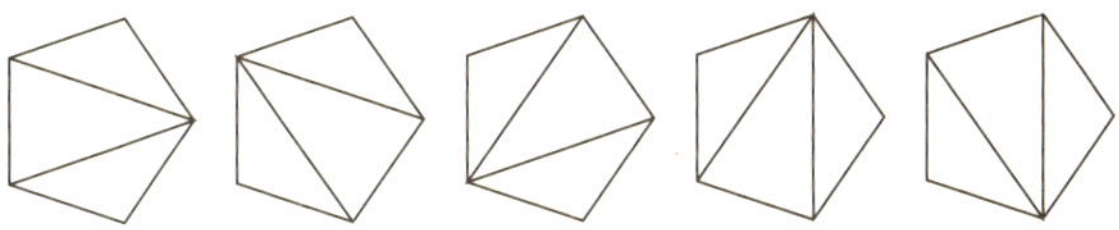

Esagono, 14 soluzioni:

Eptagono, 42 soluzioni:

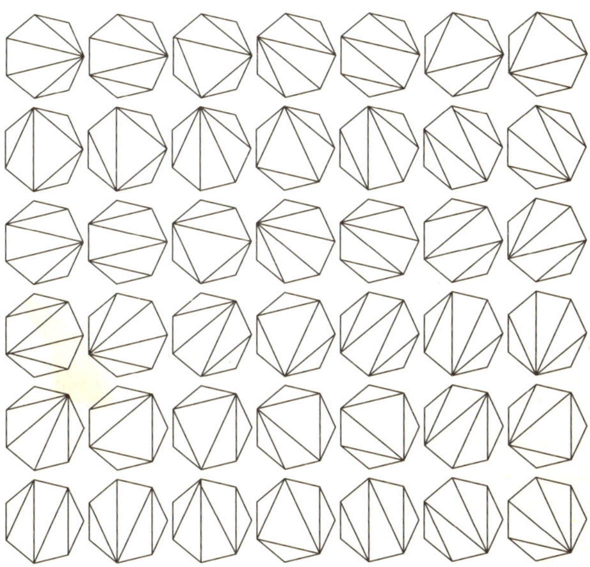

Ottagono, ...132 soluzioni.

I primi termini di questa successione sono:

1, 2, 5, 14, 42, 132, 429, 1430, 4862, 16796,
58786, 208012, 742900, 2674440, 9694845,
35357670, 129644790, 477638700,
1767263190, 6564120420, 24466267020,
91482563640, 343059613650,
1289904147324, 4861946401452, ...

Sarebbe naturalmente molto complicato rappresentare graficamente tutte le scomposizioni di un poligono di dieci, venti o più lati. Per fortuna, Catalan stesso nel 1838 trovò una formula per il calcolo di questi numeri; grazie ad essa, con una semplice calcolatrice, è possibile determinare senza difficoltà il numero delle scomposizioni di un poligono di n lati:

$$C_n = \frac{1}{n+1}\binom{2n}{n} = \frac{(2n)!}{(n+1)!n!} \qquad \text{per } n \geq 0.$$

Ad esempio, per $n = 5$ abbiamo il quinto numero di Catalan, corrispondente al numero di possibili soluzioni dei poligoni con $5 + 2$ lati:

$$C_5 = \frac{10!}{6! \times 5!} = \frac{1 \times 2 \times 3 \times 4 \times 5 \times 6 \times 7 \times 8 \times 9 \times 10}{1 \times 2 \times 3 \times 4 \times 5 \times 6 \times 1 \times 2 \times 3 \times 4 \times 5} = 42$$

I numeri di Catalan sono numeri straordinari che compaiono in molte situazioni diverse. Accenniamo ad alcune.

Ad esempio, vediamo in quanti modi è possibile comporre una scala di n gradini utilizzando dei rettangoli. In figura, riportiamo le possibili scale formate da 4 gradini, cioè con $n = 4$. In tutto, abbiamo 14 possibili soluzioni.

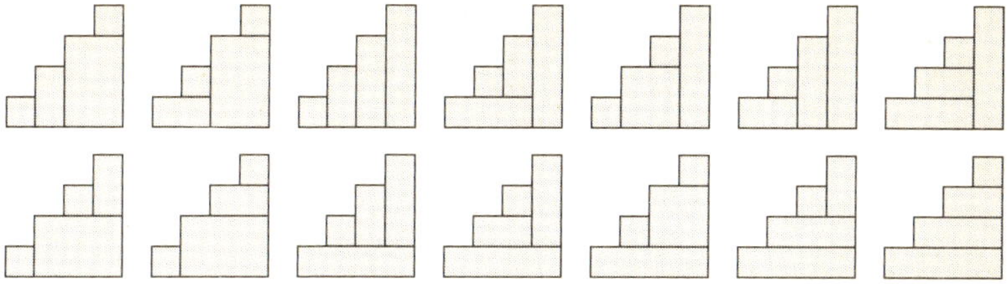

Con 5 gradini sono possibili 42 soluzioni, e con 6 gradini 132 soluzioni

Anche il numero dei possibili percorsi su griglie di $n \times n$ quadretti, lungo i lati dei quadretti, segue i numeri di Catalan. Ad esempio, in figura riportiamo le 14 possibili soluzioni, per andare da un estremo all'altro della diagonale principale con una griglia di $n \times n$ quadretti. Sono escluse le soluzioni simmetriche. Se aumentiamo il numero di gradini ritroviamo la successione dei numeri di Catalan:

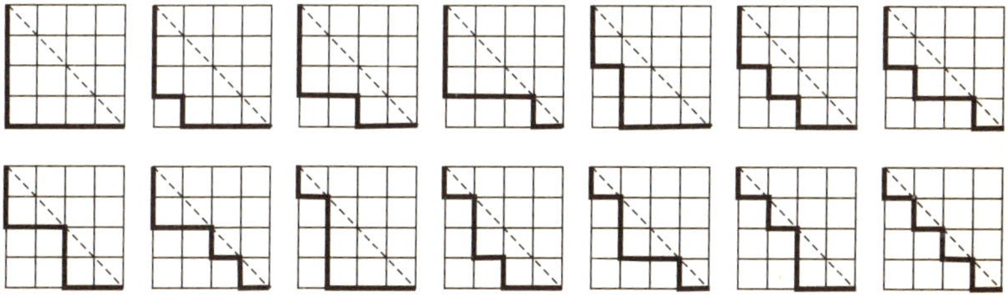

E ugualmente li ritroviamo nel numero dei nodi di un diagramma ad albero. Un esempio. In figura, con tre nodi ci sono 2 diagrammi diversi, con quattro nodi sono 5 e con cinque nodi sono 14.

3 nodi

4 nodi

5 nodi

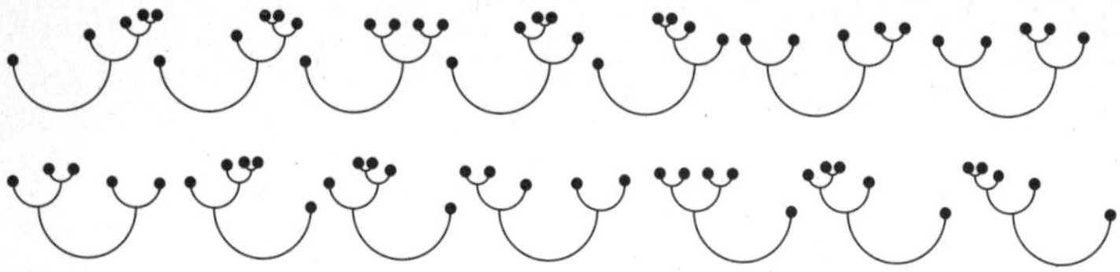

In quanti modi 2*n* persone, sedute attorno a un tavolo, possono stringersi la mano in *n* coppie, senza incrociare le braccia? Le soluzioni, come si può verificare, sono ancora i numeri di Catalan.

E il numero delle parentesi da collocare in un insieme di numeri che devono essere moltiplicati fra loro, due per volta, ci riporta ai numeri di Catalan. Ad esempio, dati 5 numeri *a*, *b*, *c*, *d*, *e*, le parentesi possono essere collocate in 14 modi diversi:

(a (b (c (d e))))	*(a (b ((c d) e)))*
(a ((b c) (d e)))	*(a ((b (c d)) e))*
(a (((b c) d) e))	*((a b) (c (d e)))*
((a b) ((c d) e))	*((a (b c)) (d e))*
((a (b (c d))) e)	*((a ((b c) d)) e)*
(((a b) c) (d e))	*(((a b) (c d)) e)*
(((a (b c)) d) e)	*((((a b) c) d) e)*

Si tenga presente che abbiamo indicato le parentesi a livelli diversi, sempre con parentesi tonde, come si usa oggi, specialmente con il computer, senza più introdurre altri tipi di parentesi, ad esempio quadre o graffe.

4. Problemi divertenti

1. Un quadrato, tanti quadrati

Non è difficile scomporre un quadrato in 16 quadrati più piccoli, tutti della stessa dimensione. Ma se i quadrati possono avere dimensioni diverse, come si può scomporre un quadrato in 10 quadrati o in 6 quadrati più piccoli?

2. Un triangolo, quattro triangoli

Scomporre un triangolo rettangolo isoscele in due e successivamente in quattro triangoli uguali più piccoli.

3. Un quadrato, due quadrati

Trasformare il quadrato di figura in due quadrati più piccoli, tagliandolo in 4 parti, con 2 linee.

4. Dal quadrato al triangolo

Trasformare un quadrato in un triangolo rettangolo, tagliandolo in quattro parti.

5. Tre tagli per un quadrato

Il quadrato di figura è sormontato da un triangolo che è la quarta parte del quadrato. Tagliare questa figura in tre parti, con due tagli, in modo da formare un quadrato.

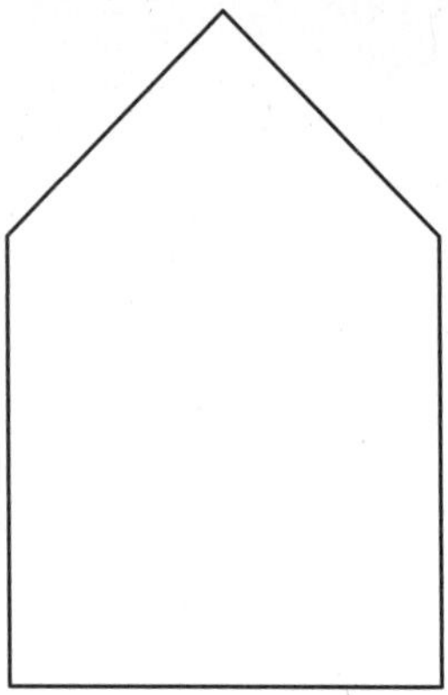

6. Dalla T al rettangolo

Trasformare la T in un rettangolo, tagliandola in cinque parti.

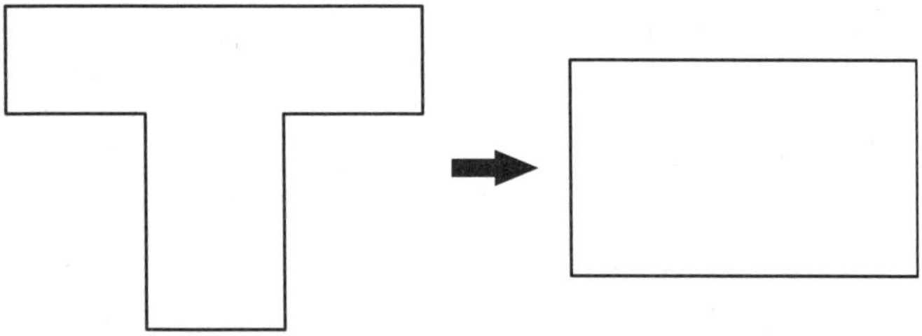

7. Dal rettangolo al quadrato

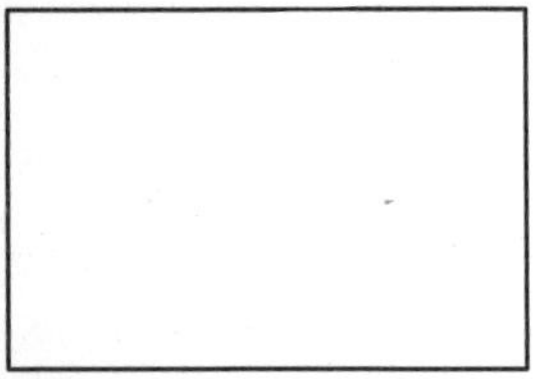

Trasformare il rettangolo di figura in un quadrato, tagliandolo in tre parti, con due linee.

8. Dal quadrato al pentagono

Un po' più difficile. Trasformare il quadrato di figura in un pentagono, tagliandolo in sei pezzi.

9. Dal quadrato al rettangolo

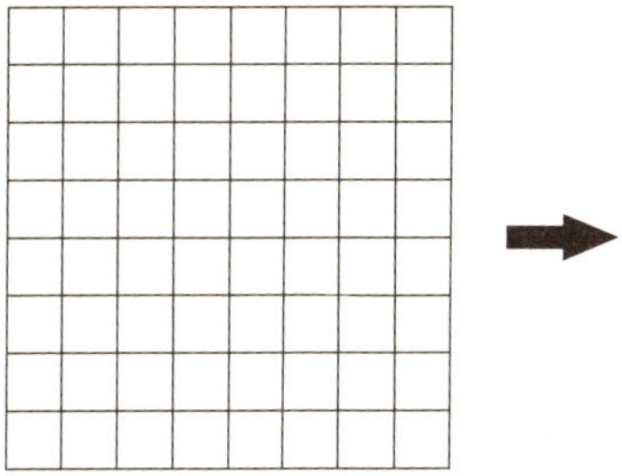

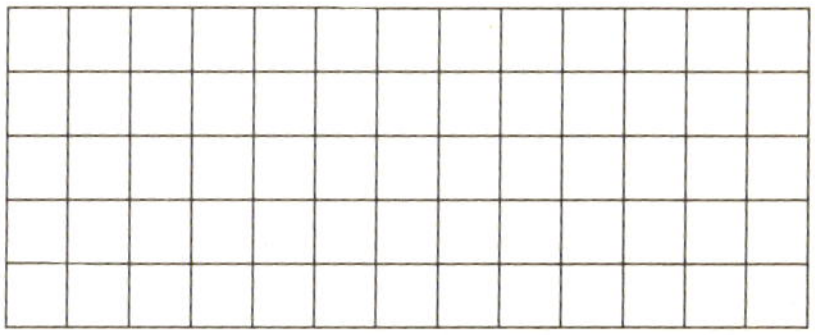

Con tre tagli, passare dal quadrato 8×8 al rettangolo 5×13.

10. Dal quadrato al rettangolo, due

Con un unico taglio, trasformare il quadrato 12×12 nel rettangolo 9×16.

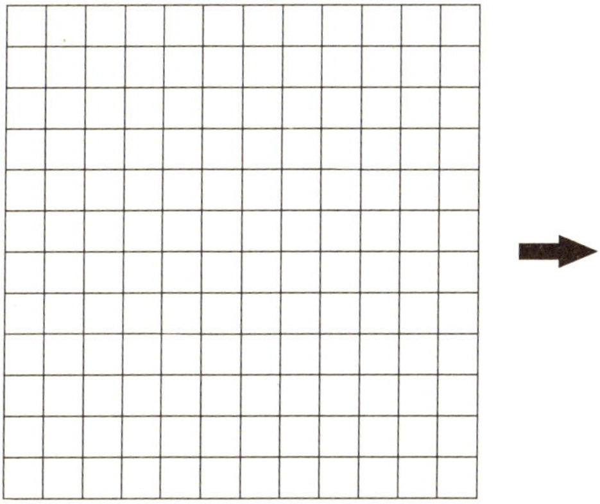

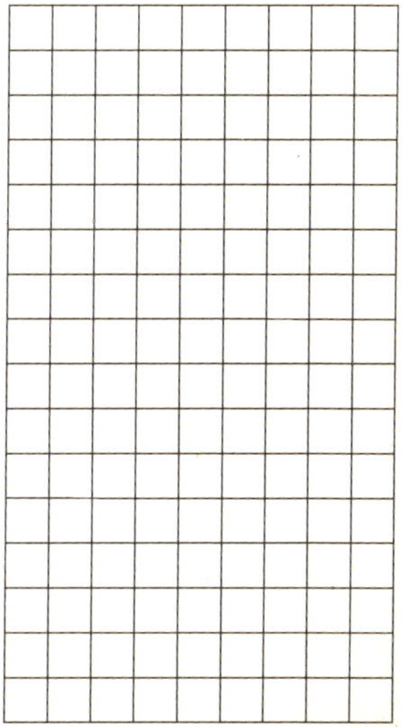

11. Una figura in due pezzi

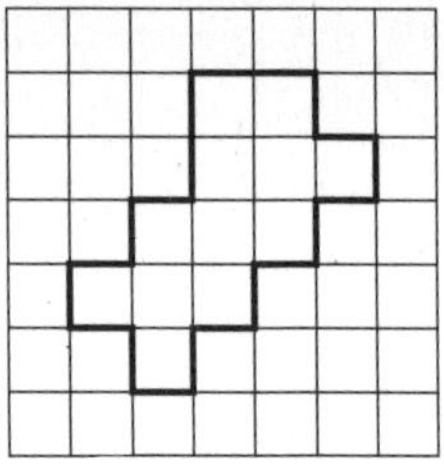

Sulla griglia è disegnata una forma che dev'essere tagliata in due parti uguali, con un unico taglio non rettilineo.

12. La L scomposta

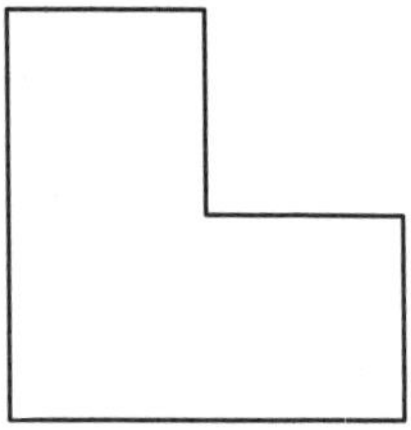

Data una L formata da tre quarti di un quadrato, scomporla in 2 parti uguali. Proseguire con la scomposizione in 4 e in 8 parti uguali.

13. In due parti uguali

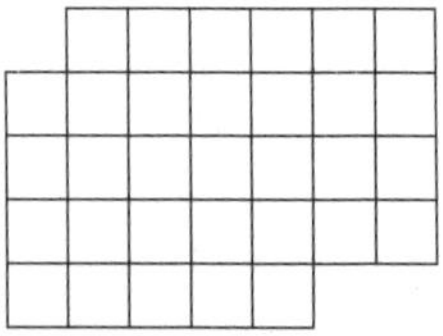

Tagliare la figura a fianco in due parti uguali con un solo taglio, non rettilineo.

14. Dalla freccia al rettangolo

Con tre tagli, trasformare la freccia in un rettangolo 4×8.

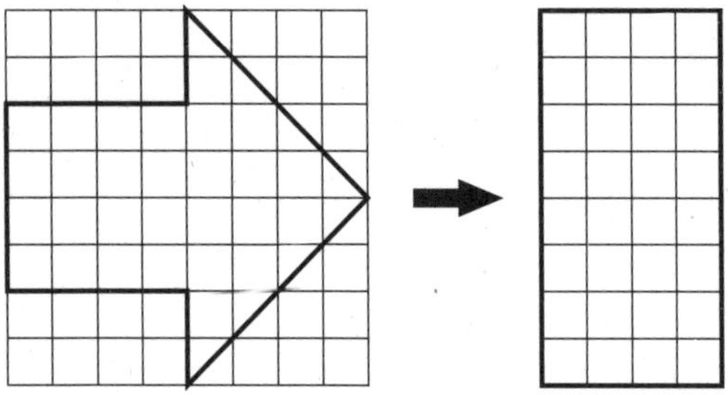

15. La guerra delle quattro querce

Quello che segue è un problema di Sam Loyd* che lo illustra nel disegno in figura.

La città di Four Oaks deriva il suo nome dal fatto che uno dei primi coloni, che possedeva un vasto appezzamento di terreno, lo lasciò in eredità ai suoi quattro figli con la clausola che essi « dividessero il terreno in quattro parti uguali, com'era indicato dalla posizione di quattro vecchie querce che da sempre erano servite come punti di riferimento ».

Com'è possibile dividere un terreno in 4 parti uguali, in modo che ogni parte contenga una quercia? Come aiuto, riportiamo lo schema del problema.

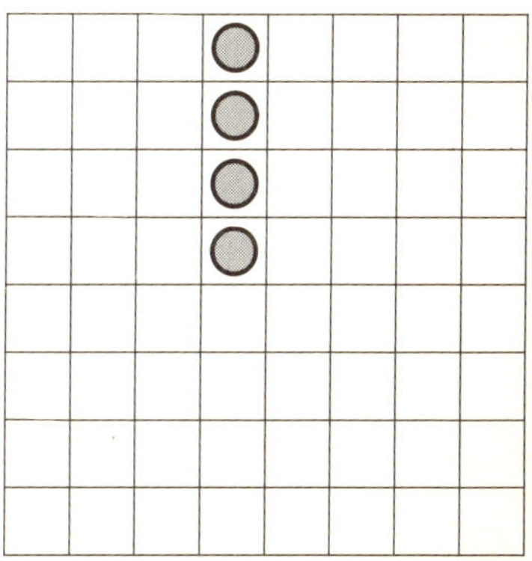

* Federico Peiretti, *op. cit.*, cap. 9, « Sam Loyd ».

16. Un quadrato, due croci

Trasformare un quadrato in due croci greche, tagliandolo in cinque parti.

17. L'esagono scomposto

Non è facile scomporre un esagono in dodici parti uguali. Un aiuto: le parti uguali sono rombi.

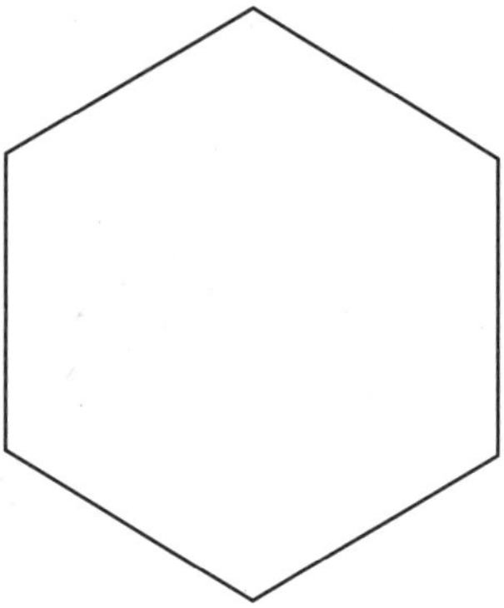

18. Il quadrato ritrovato

Questo è un altro famoso problema proposto da Sam Loyd. In figura, nelle mani di un ragazzo, vediamo un pentagono concavo, formato da un quadrato al quale è stato tolto un triangolo rettangolo isoscele. Si chiede di ricostruire un quadrato dividendo il pentagono.

19. Il puzzle della portantina

È ancora Sam Loyd a proporci questo problema.

La bella principessina cinese viaggia su una portantina che ha la forma riportata in figura. Com'è possibile trasformare questo curioso poligono in un quadrato, tagliandolo nel minor numero possibile di pezzi? Come aiuto alla soluzione riportiamo il poligono su una griglia quadrettata.

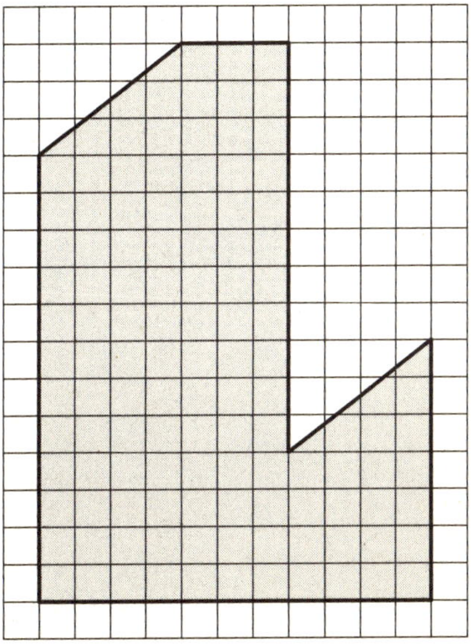

20. Dal rettangolo al quadrato

Se il rettangolo ha un buco centrale 1×6 e dev'essere trasformato in un quadrato 8×8, tagliandolo soltanto in due pezzi, come fare?

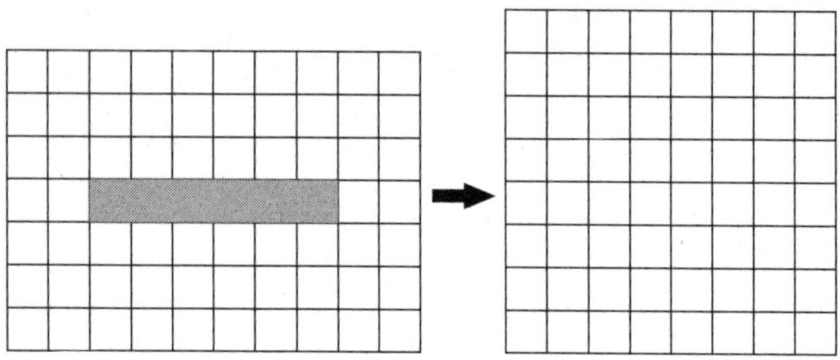

5. Risposte

1. Un quadrato, tanti quadrati

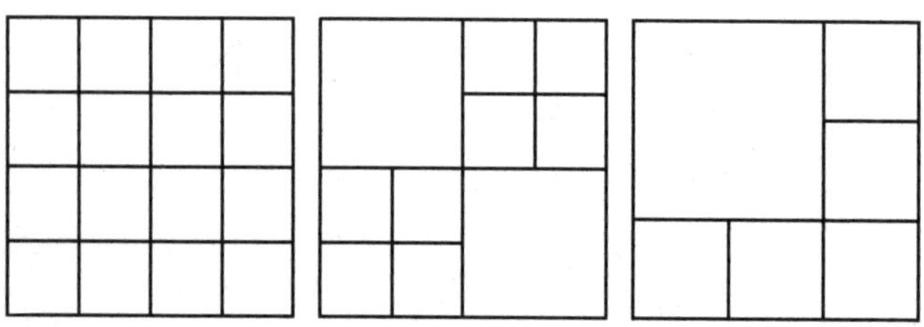

2. Un triangolo, quattro triangoli

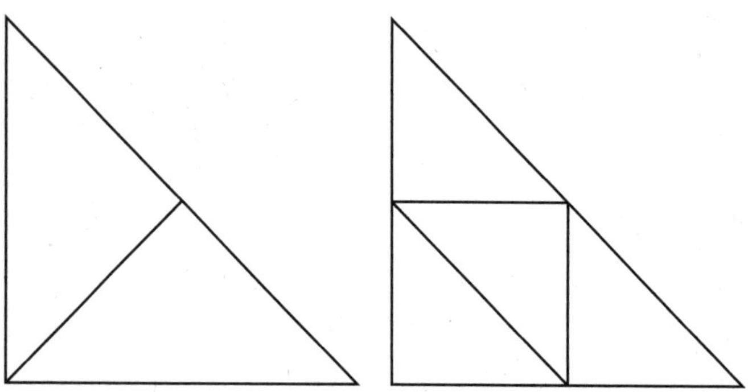

3. Un quadrato, due quadrati

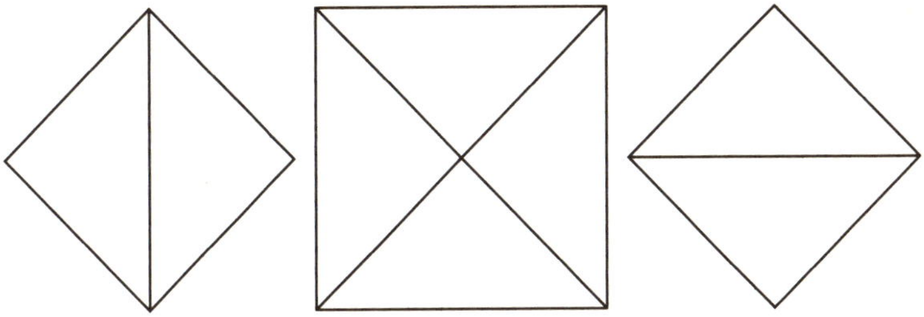

4. Dal quadrato al triangolo

Esistono diverse soluzioni al problema. Quella che segue è una delle più semplici.

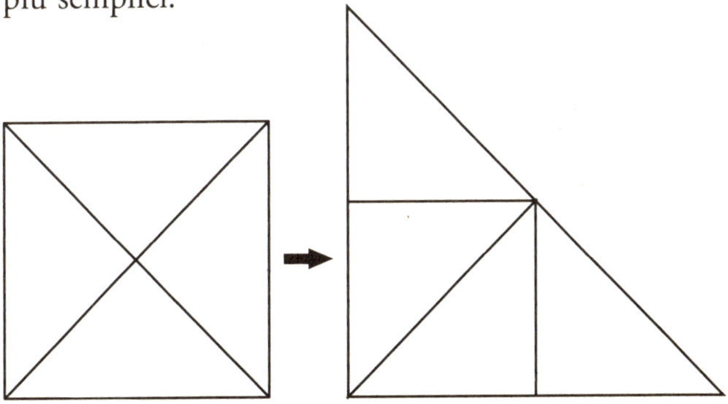

5. Tre tagli per un quadrato

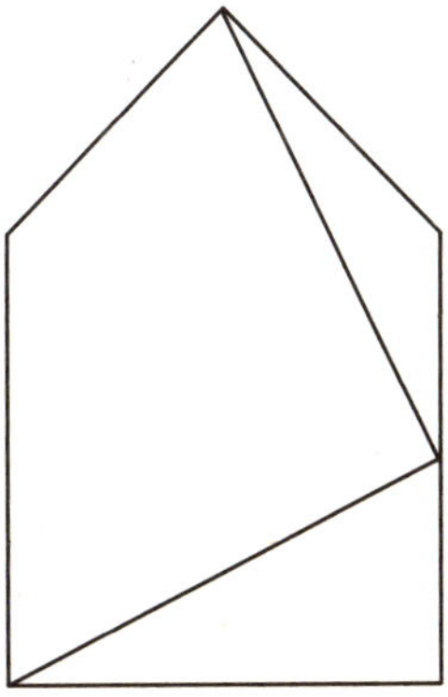

6. Dalla T al rettangolo

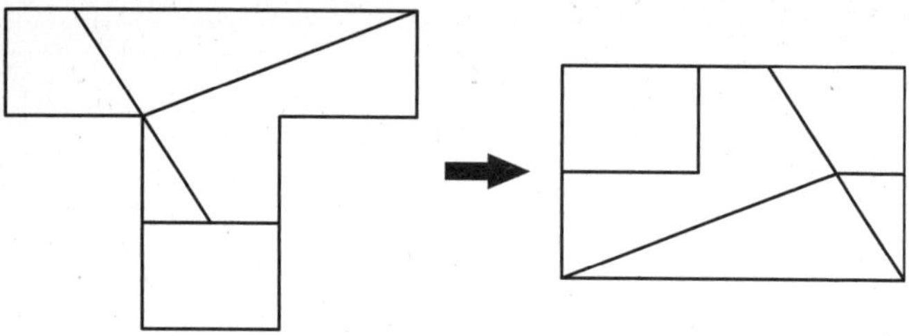

7. Dal rettangolo al quadrato

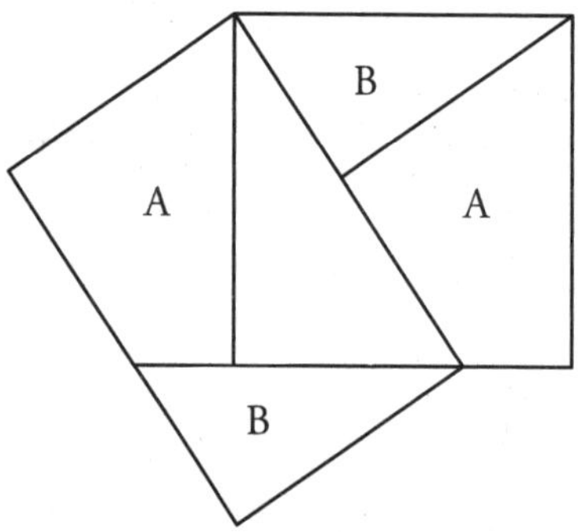

8. Dal quadrato al pentagono

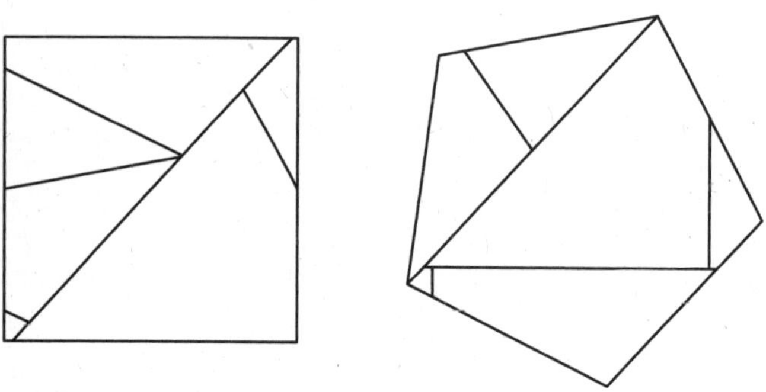

9. Dal quadrato al rettangolo

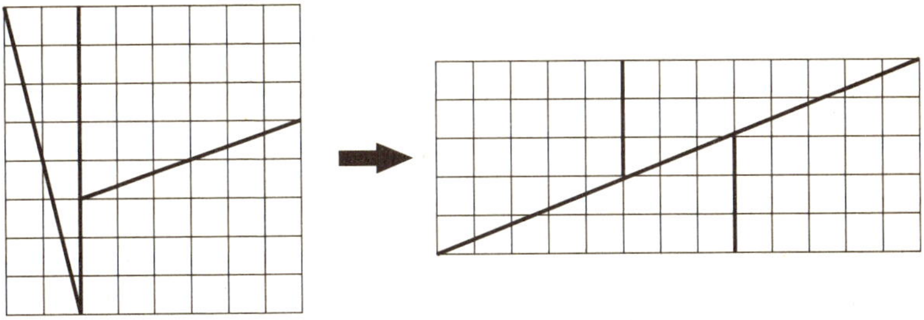

10. Dal quadrato al rettangolo, due

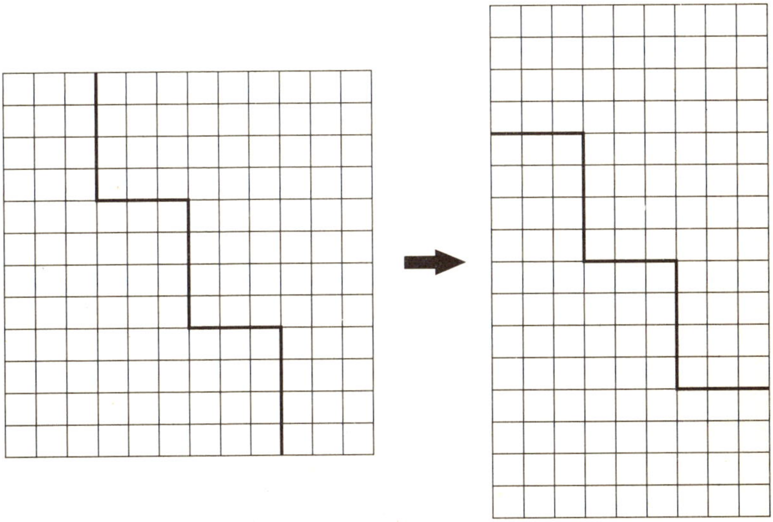

11. Una figura in due pezzi

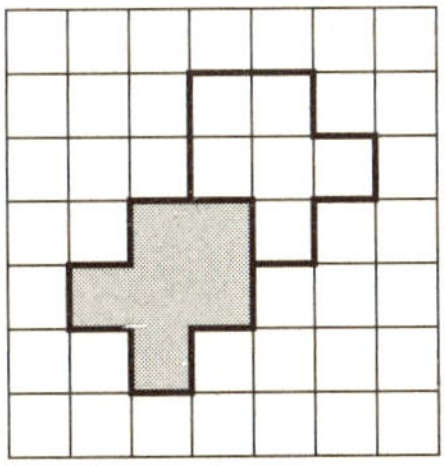

12. La L scomposta

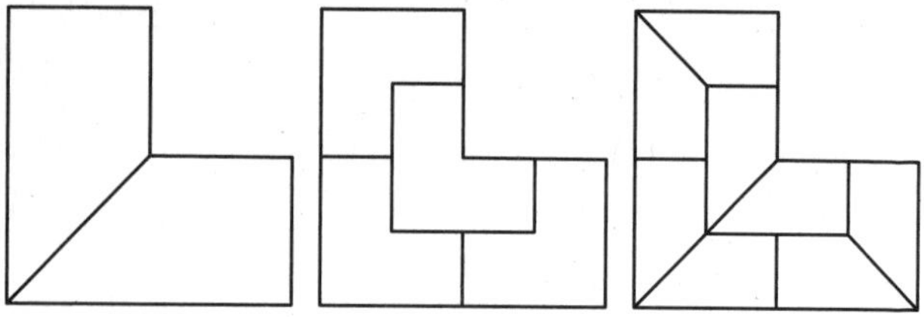

13. In due parti uguali

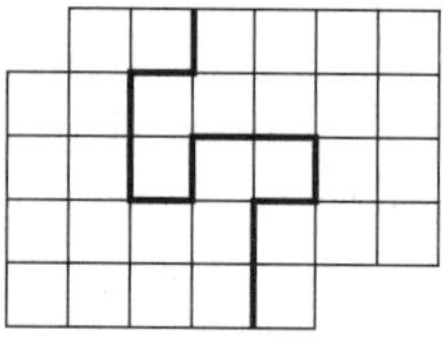

14. Dalla freccia al rettangolo

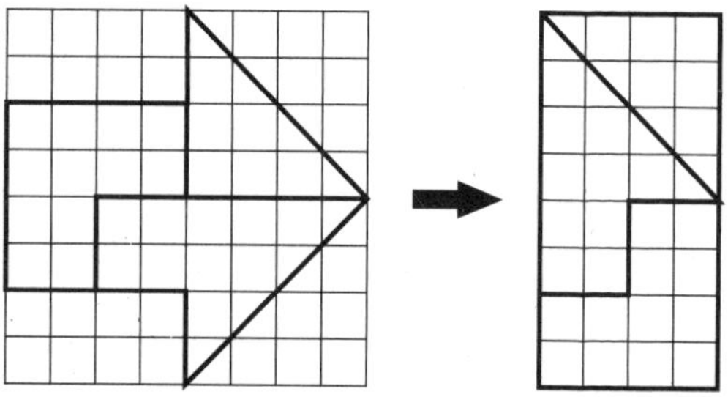

15. La guerra delle quattro querce

La soluzione di Sam Loyd.*

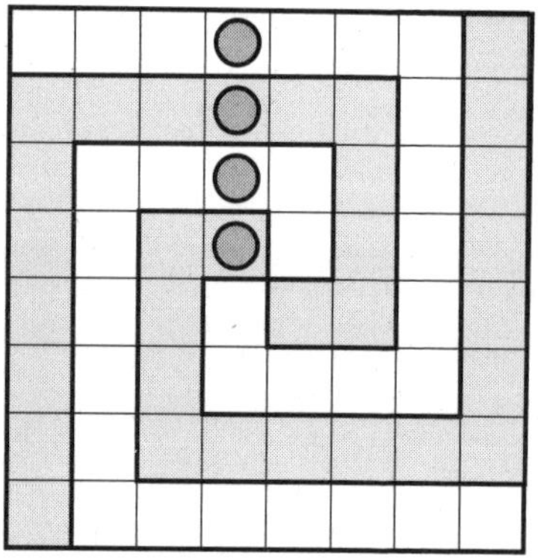

* Federico Peiretti, *op. cit.*, cap. 9, « Sam Loyd ».

16. Un quadrato, due croci

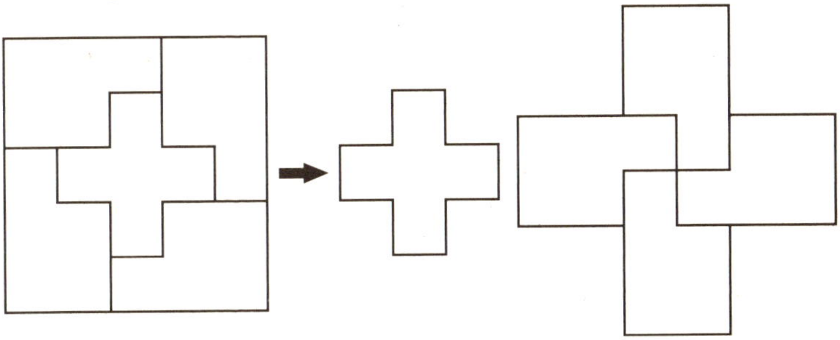

17. L'esagono scomposto

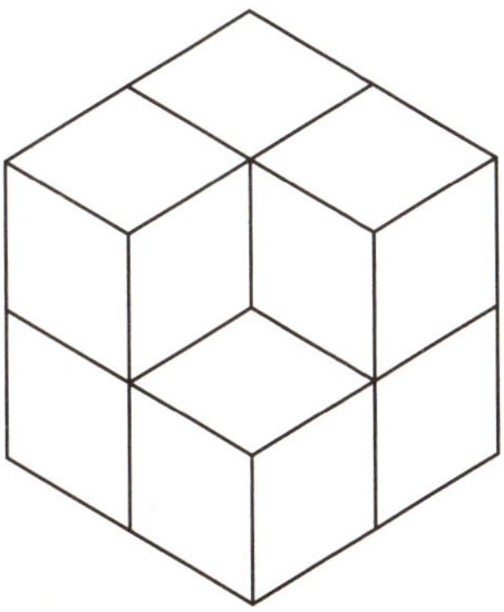

Una delle possibili soluzioni. A questo punto non dovrebbe essere difficile trovare altre soluzioni simili.

18. Il quadrato ritrovato

La soluzione proposta da Loyd è riportata in figura, in alto. Ma è sbagliata. Se ne accorse H.E. Dudeney che, controllando la soluzione, verificò che era un rettangolo e non un quadrato. Riuscì anche a trovare una bella soluzione in 5 pezzi (in basso).

19. Il puzzle della portantina

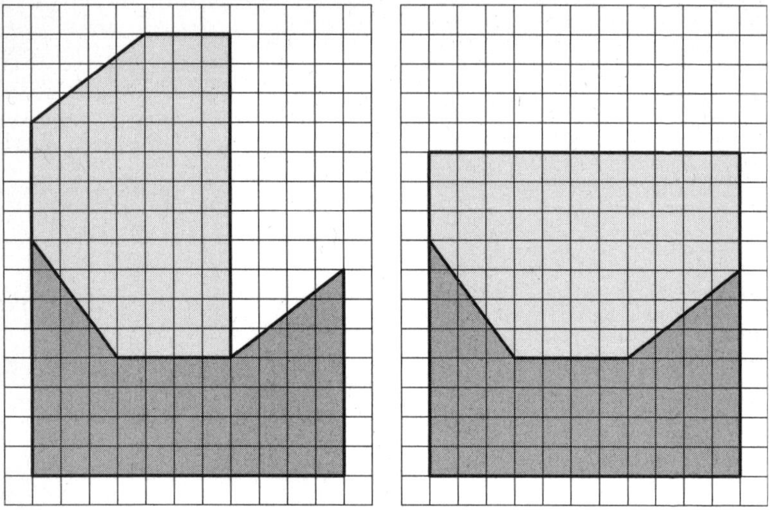

20. Dal rettangolo al quadrato

Il taglio dev'essere fatto lungo la linea tratteggiata.

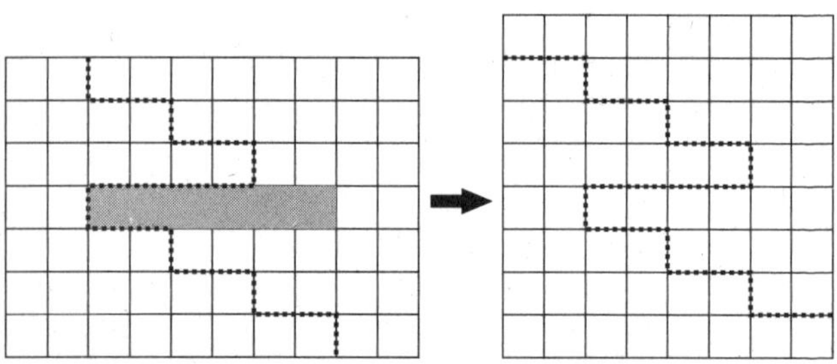

Appendice

A1

Dalla figura si vede che ACMN è equivalente sia ad AC^2 che a ADPO. E quindi ADPO è equivalente ad AC^2. In modo analogo si vede che BOPE è equivalente a BC^2. Ricaviamo perciò:

$$AB^2 = AC^2 + BC^2$$

Resta da dimostrare, prima di tutto, che il segmento MP passa per i punti C e O.

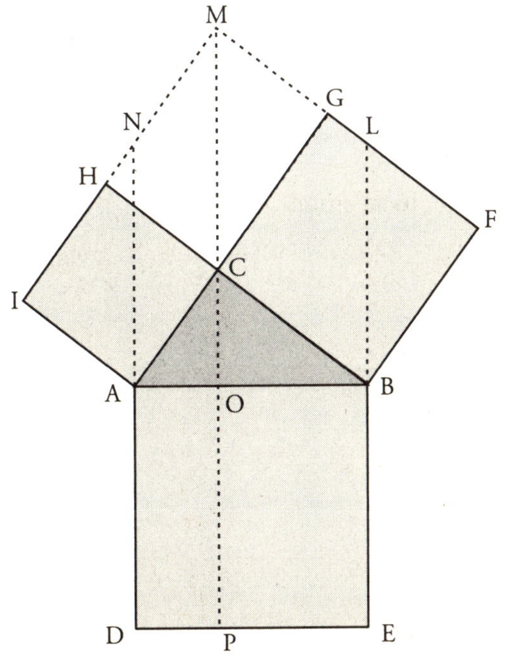

A2

Vediamone la costruzione.
AB = BC = AC; AD = DB e BE = EC.
Prolungare AE in F, in modo che sia EF = EB.
G è il punto medio di AF.
Con centro in G tracciare la semicirconferenza AHF.
Prolungare EB fino ad H.
Con centro in E tracciare l'arco HJ.
JK = BE.
DL e KM perpendicolari a EJ.

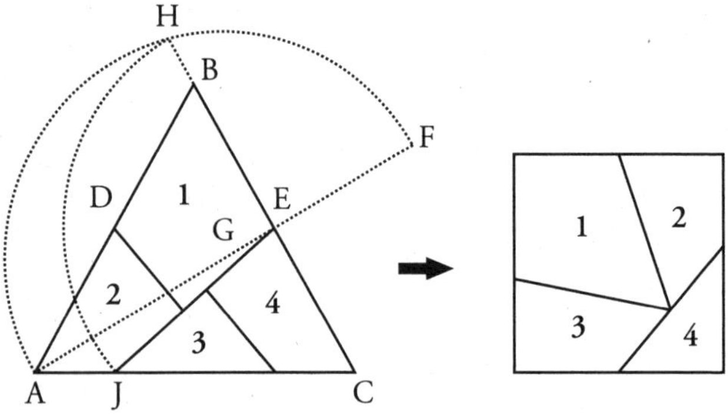

Per saperne di più

Jean-Paul Delahaye, *Sorprese della matematica*, Ghisetti e Corvi, Milano, 2006, pp. 61-103.

Martin Gardner, *Enigmi e giochi matematici*, vol. IV, Sansoni, Firenze, 1977, pp. 30-38.

Sam Loyd, *Passatempi matematici*, Sansoni, Firenze, 1980.

H.E. Dudeney, *Amusements in Mathematics*, Dover Publications, Mineola, New York, 1970.

Harry Lindgren, *Geometric Dissections*, Van Nostrand, Princeton, 1964.

Harry Lindgren, Greg N. Frederickson, *Recreational Problems in Geometric Dissections and How to Solve Them*, Dover Publications, Mineola, New York, 1972.

Le dissezioni su *Mathworld*:
http://mathworld.wolfram.com/Dissection.html

44 dissezioni di H.E. Dudeney:
http://4dlab.info/EBook-44-Selected-Puzzles-of-Dudeney.htm

Numeri di Catalan:
http://it.wikipedia.org/wiki/Numero_di_Catalan

Miodrag Petković, *Famous Puzzles of Great Mathematicians*, American Mathematical Society, Providence, 2009. Si trova on line in Google Books.

Greg N. Frederickson, *Dissections: Plane & Fancy*, Cambridge University Press, Cambridge, 2003. In parte on line in Google Books.

Claudi Alsina, Roger B. Nelsen, *Math Made Visual: Creating Images for Understanding Mathematics*, M.A.A., Mathematical Association of America, Washington D.C., 2006. In parte on line in Google Books.

6
LEIBNIZ E IL *SOLITARIO*

Sono decisamente favorevole allo studio dei giochi logici, non per il piacere proprio del gioco, ma perché questi sono di grande aiuto nello sviluppare l'arte della riflessione.

Gottfried Wilhelm Leibniz

1. Il *Solitario* nato alla Bastiglia

Quello che presentiamo è il *Solitario* su scacchiera più popolare, uno dei « giochi intelligenti » utili per mettere alla prova la nostra abilità nell'organizzare lo spazio, realizzando strategie finalizzate a costruire determinate configurazioni, utili non solo per lo studio della geometria.

Si racconta che sia stato un nobile francese, prigioniero alla Bastiglia, a inventare il *Solitario*, nel Seicento, al tempo di Luigi XIII. A confermare l'origine francese del *Solitario* c'è anche un'incisione del 1697 che ritrae Anne de Rohan-Chabot, principessa di Soubise, impegnata nel gioco. La principessa, nota per la sua bellezza e soprannominata la « Belle Florice », fu per un certo periodo l'amante di Luigi XIV, re di Francia.

Il gioco è noto anche con altri nomi, *Peg Solitaire*, *Hi-Q*, e in Oriente *Senku* o *Brainvita*. I due tipi più comuni di scacchiera sono quello americano e quello francese. La prima, la più diffusa, ha 33 caselle, la seconda ne ha 37, quattro in più, secondo la disposizione di figura. Come pedine si possono usare biglie o semplicemente monete, bottoni o qualsiasi altro materiale che si abbia sottomano e che sia utilizzabile come pedina. Si trovano in vendita scacchiere in cristallo e in altri materiali pregiati. Noi ci occuperemo essenzialmente del gioco sulla scacchiera americana, quella più diffusa.

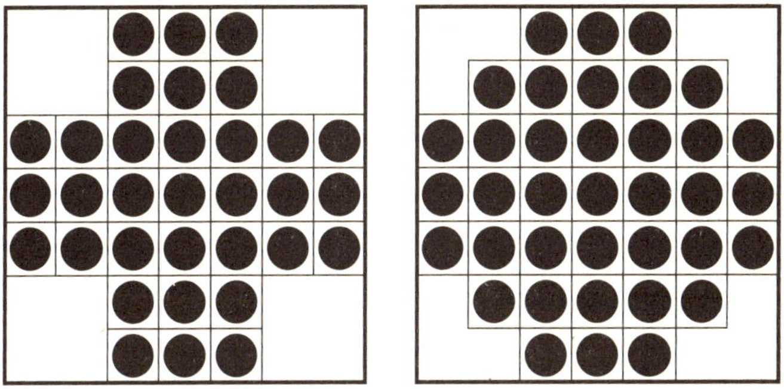

Le due scacchiere nella versione americana (a sinistra) e francese (a destra)

Si può disegnare la scacchiera su un foglio di carta e usare delle monete come pedine. Il gioco consiste nel togliere una qualunque delle pedine, in genere quella centrale, e seguendo le regole stabilite, restare alla fine con un'unica pedina sulla scacchiera, possibilmente nella posizione centrale. Ma si tenga presente che, con la scacchiera francese, non è possibile partire da una casella vuota al centro e finire con un'unica pedina ancora al centro.

Le pedine vengono «mangiate» con un salto che è simile a quello del gioco della dama, però i salti permessi sono soltanto orizzontali o verticali, non in diagonale. Ogni pedina saltata viene tolta dalla scacchiera, con l'obiettivo di restare alla fine con un'unica pedina oppure, come vedremo, con una determinata configurazione di più pedine.

		1	2	3		
		4	5	6		
7	8	9	10	11	12	13
14	15	16	17	18	19	20
21	22	23	24	25	26	27
		28	29	30		
		31	32	33		

Attenzione: una serie di mosse in successione conta come una sola mossa. Il numero delle caselle è indicato in figura.

Ad esempio, l'inizio di una immaginaria partita potrebbe essere:

5-17, 12-10, 26-12, 24-26, (13-11, 11-25), 9-11, (26-24, 24-10, 10-12).

I salti contenuti tra parentesi sono esempi di un'unica mossa, perché sono salti multipli, fatti di seguito, con la stessa pedina.

Henry Ernest Dudeney* pubblicò nel 1908 una soluzione in diciannove mosse partendo dalla casella centrale vuota e arrivando a un'unica pedina nella casella centrale. E dichiarò: « Non credo sia possibile ridurre ulteriormente il numero di mosse ».

Ma si sbagliava. Nel 1912 Ernest Bergholt (1856-1925), inglese, insegnante appassionato di giochi matematici, riuscì a trovare una soluzione in diciotto mosse. È stato dimostrato che 18 è il numero minimo di mosse necessarie per risolvere il gioco, con il buco iniziale al centro e l'ultima pedina ancora al centro.

Riportiamo le due soluzioni « storiche ».

Una casella vuota al centro, la 17, e alla fine una sola pedina al centro, sempre sulla casella 17.

La soluzione di Dudeney, in 19 mosse:

19-17, 16-18, (29-17, 17-19), 30-18, 27-25, (22-24, 24-26), 31-23, (4-16, 16-28), 7-9, 10-8, 12-10, 3-11, 18-6, (1-3, 3-11), (13-27, 27-25), (21-7, 7-9), (33-31, 31-23), (10-8, 8-22, 22-24, 24-26, 26-12, 12-10), 5-17.

La soluzione di Ernest Bergholt:

5-17, 12-10, 3-11, 18-6, 30-18, 27-25, 24-26, (13-27, 27-25), 9-11, 7-9, (22-24, 24-26, 26-12, 12-10, 10-8), (1-3, 3-11, 11-25), 31-23, 16-28, (33-31, 31-23), (21-7, 7-9), (4-16, 16-28, 28-30, 30-18, 18-16), 15-17.

Sono molte le soluzioni, con un numero maggiore di mosse, che

* Federico Peiretti, *op. cit.*, cap. 12, « Henry Ernest Dudeney ».

portano sempre all'eliminazione di tutte le pedine, lasciandone soltanto una al centro. Provi il lettore a ritrovare qualche altra soluzione.

A questo punto possiamo allargare il gioco introducendo la scacchiera francese con la quale, lo ricordiamo, si può partire con la casella centrale vuota, ma non è possibile chiudere con una sola pedina al centro. Si potrà sempre chiudere il gioco con una sola pedina, ma in altra posizione.

		1	2	3		
	4	5	6	7	8	
9	10	11	12	13	14	15
16	17	18	19	20	21	22
23	24	25	26	27	28	29
	30	31	32	33	34	
		35	36	37		

Una possibile soluzione del gioco « alla francese », in 20 mosse, secondo la numerazione delle caselle di figura è la seguente:

3-1, 12-2, 10-12, 25-11, 35-25, (20-18-31), (8-6-19), 4-6, (22-20-7), 15-13, 23-25, 34-21, (26-28-14-12-10), (1-3-13), 9-11, 37-27, (36-26-28), 30-32, (16-18-20-7-5-18-31-33), (34-32-37).

È però possibile partire con la casella centrale vuota e chiudere con una pedina al centro e un contorno di pedine su tutta la scacchiera. Ecco la soluzione:

6-19, 4-6, 18-5, 6-4, 9-11, 24-10, 11-9, 26-24, 35-25, 24-26, 27-25, 33-31, 25-35, 29-27, 14-28, 27-29, 19-21, 7-20, 21-19.

La matematica può essere d'aiuto, suggerendoci una strada che può facilitare la ricerca di una soluzione.

In generale, quando non si riesce a risolvere un problema, è sufficiente a volte scomporlo in un insieme di problemi più semplici. Questa è la tecnica più comune del «problem solving», applicata in questo caso al nostro gioco: avere ben presente il problema nel suo insieme e contemporaneamente cercare di scomporlo in parti più semplici da gestire. Il *Solitario* è un gioco studiato da molti matematici e in particolare da John Horton Conway,* E.R. Berlekamp e R.K. Guy in *Winning Ways for Your Mathematical Plays.*

Qui di seguito riportiamo alcune delle configurazioni più semplici in cui possiamo scomporre il *Solitario.* Se impariamo a risolverle, e non è difficile, non avremo poi difficoltà a trovare la soluzione generale del gioco. Sarà sufficiente procedere passo passo, risolvendolo per parti. Quello che sembrava un problema complicato, si rivela poi molto semplice da risolvere, grazie a questo procedimento di scomposizione in parti. Un procedimento che consigliamo di adottare di fronte alla maggior parte dei problemi, studiandoli attentamente un pezzo alla volta.

Riportiamo alcuni esempi di «pacchetti» di pedine per i quali è sempre possibile la riduzione a un'unica pedina al centro, invitando il lettore a trovare la soluzione.

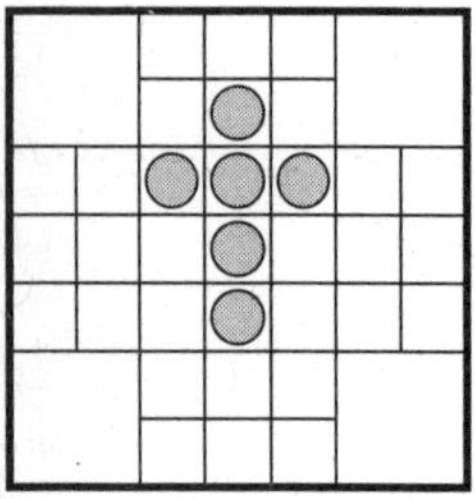 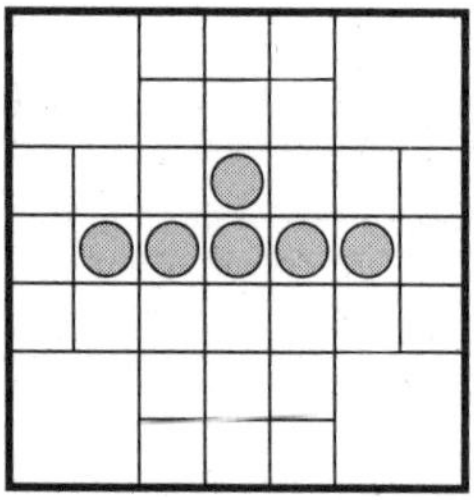 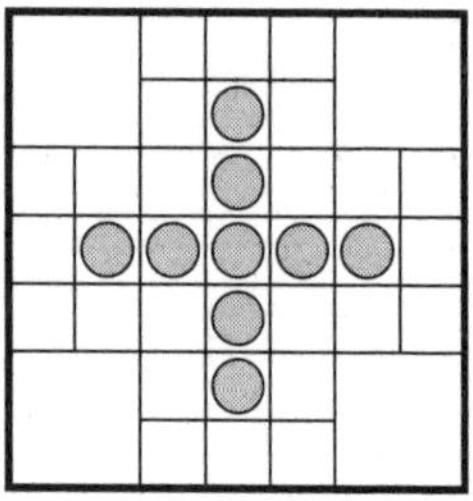

* Federico Peiretti, *op. cit.*, cap. 18, «John Horton Conway».

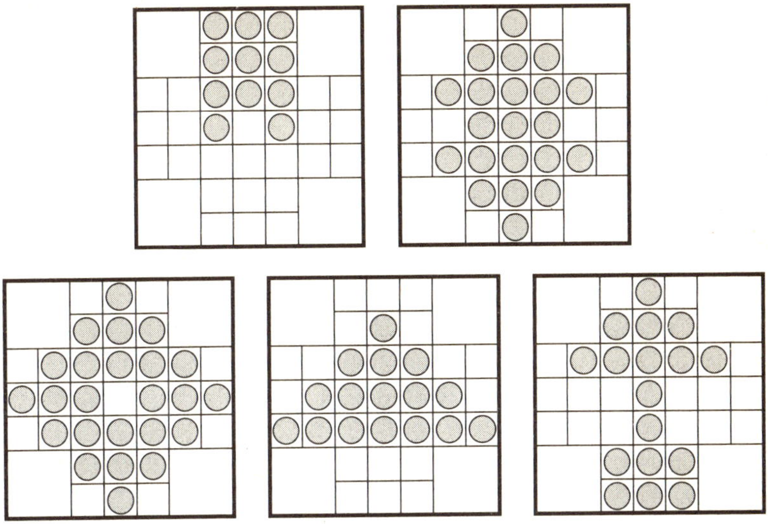

Invece di finire con una sola pedina centrale, si potrebbe chiudere la partita con una particolare configurazione: forse è più difficile che rimanere con un'unica pedina.

Ecco alcune proposte di configurazioni finali, partendo sempre dalla scacchiera completa, con il centro vuoto.

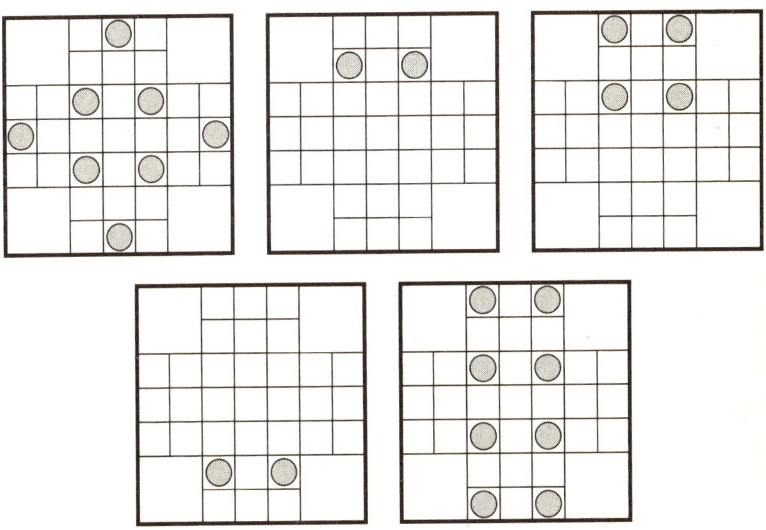

Vediamo soltanto come si risolve un blocchetto di 3 pedine allineate, come in figura.

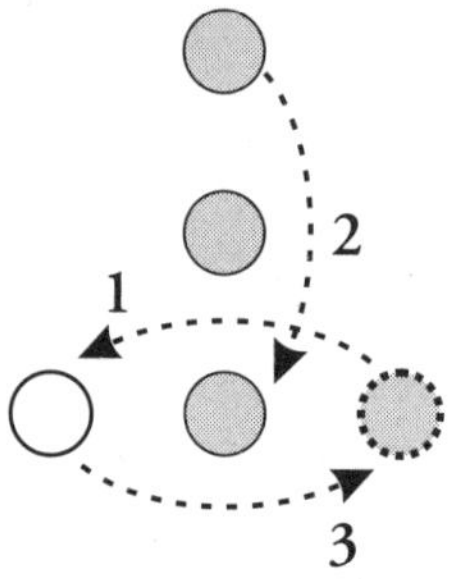

Le tre mosse che si devono fare per la soluzione del blocchetto sono indicate con 1, 2 e 3. Le tre pedine sono allineate in verticale e hanno a fianco di una delle due estremità una posizione vuota e un'altra pedina, a fianco, che si possono considerare « i catalizzatori » del procedimento. Le pedine grigie devono essere eliminate, mentre i « catalizzatori » consentono l'eliminazione del blocchetto.

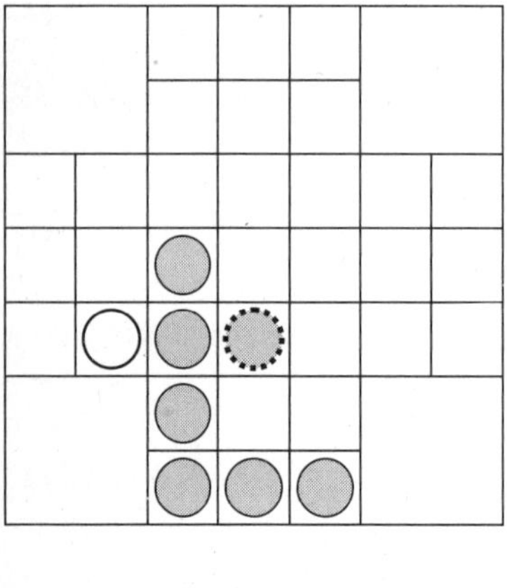

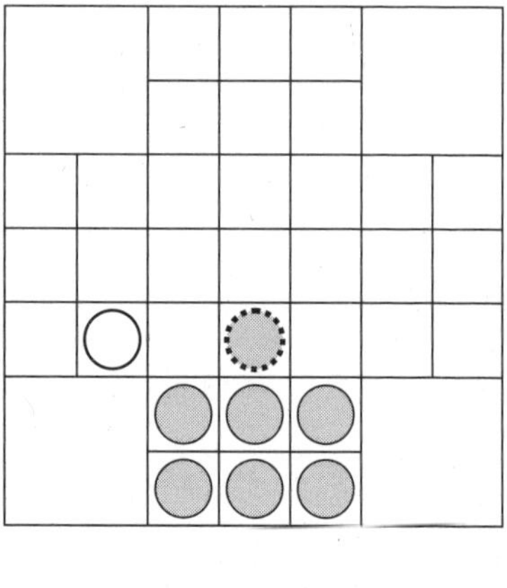

Lasciamo al lettore curioso il compito di risolvere le due configurazioni in figura, dove compaiono sempre i due « catalizzatori ».

Le due configurazioni che abbiamo appena presentato ci consentono già di risolvere il solitario «a pacchetti», suddividendo la scacchiera, come indicato in figura, in sei pacchetti, corrispondenti alle configurazioni che abbiamo appena presentato.

2. Il *Solitario* secondo Leibniz

Leibniz, il grande filosofo e scienziato tedesco, è stato – come afferma Bertrand Russell – «uno dei più alti intelletti di tutti i tempi» e viene considerato uno degli ultimi «geni universali». I suoi meriti nel campo della matematica sono enormi. È considerato, insieme a Newton, il padre del calcolo infinitesimale e ha dato inoltre contributi fondamentali in molti altri campi quali la logica, la topologia e il sistema binario, che applicò alla costruzione di una calcolatrice, all'avanguardia per i suoi tempi.

Ma noi vogliamo parlare soltanto della sua passione per i giochi, utili per sviluppare, come ha scritto, «l'arte della riflessione». Leibniz si occupò del *Go*, il gioco nato in Cina più di duemila anni fa, dov'è noto con il nome di *wéiqí*, dedicandogli un articolo, una delle prime presentazioni del gioco fatte in Occidente.

E un'attenzione particolare rivolse al *Solitario*, inventandone una variante che lui stesso presenta in questo modo:

«Mi piace molto il gioco chiamato *Solitario* e lo gioco al contrario. Invece di formare una figura seguendo le regole del gioco, che prescrivono di saltare con un pezzo in un posto vuoto su un altro pezzo che viene tolto, ho pensato che è meglio ricostruire quanto è stato demolito, colmando il posto vuoto al di sopra del quale viene fatto il salto. In questo modo l'obiettivo risulta quello di formare una data figura, se questo è possibile, come in effetti dev'essere, se è stato possibile distruggerla. Ma perché tutto questo? potreste chiedere. Rispondo: per perfezionare l'arte dell'invenzione».

Giochiamo dunque al *Solitario inverso*, per affinare la nostra capacità di ragionamento, usando immaginazione e intuizione: forse è questo che intendeva Leibniz per « arte dell'invenzione». In pratica, si parte con la scacchiera vuota e una sola pedina al centro o in un'altra posizione qualsiasi e si cerca di ritornare alla scacchiera piena con un vuoto nella posizione piena di partenza. La mossa da compiere è indicata qui di seguito. A ogni salto si rimette sulla scacchiera una pedina nella posizione vuota sulla quale viene fatto il salto.

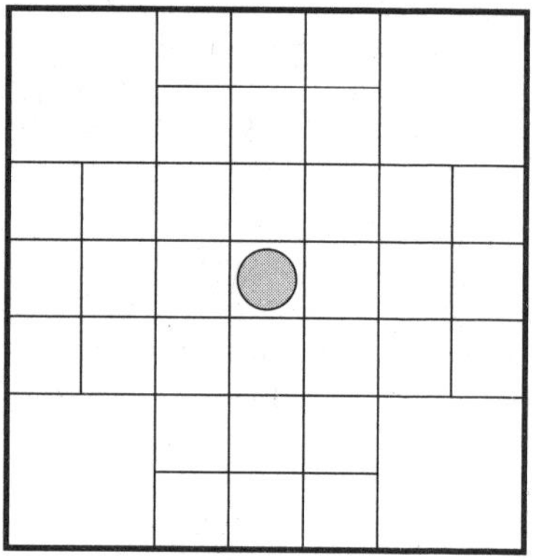

La scacchiera del Solitario inverso, *con una sola pedina iniziale*

Solitario classico: pieno – pieno – vuoto vuoto – vuoto – pieno

Solitario di Leibniz: pieno – vuoto – vuoto vuoto – pieno – pieno

La matematica ci viene in soccorso per la soluzione del gioco. Le regole sono fondamentalmente le stesse del *Solitario classico*, con un procedimento simile al precedente dove a « pieno » si sostituisce « vuoto » e viceversa a « vuoto », « pieno ». Anche in questo caso, il lettore può provare a scomporre il gioco in blocchi più semplici.

Leibniz si occupò di molti altri giochi, in particolare degli scacchi e dei giochi collegati al calcolo delle probabilità, come i dadi e le carte. A proposito dello studio dei giochi attraverso il calcolo delle probabilità, ha scritto:

« Sarebbe bene che chiunque voglia affrontare questo argomento, segua la strada dei giochi dominati dal caso. Più in generale ci auguriamo che un bravo matematico voglia realizzare un grande lavoro, preciso e attentamente analizzato, su tutti i tipi di gioco. Questo sarebbe di grande utilità per perfezionare l'arte della creatività, poiché il pensiero umano si esprime meglio nei giochi piuttosto che negli argomenti più seri ».

$$1$$
$$\frac{1}{2} \quad \frac{1}{2}$$
$$\frac{1}{3} \quad \frac{1}{6} \quad \frac{1}{3}$$
$$\frac{1}{4} \quad \frac{1}{12} \quad \frac{1}{12} \quad \frac{1}{4}$$
$$\frac{1}{5} \quad \frac{1}{20} \quad \frac{1}{30} \quad \frac{1}{20} \quad \frac{1}{5}$$
$$\frac{1}{6} \quad \frac{1}{30} \quad \frac{1}{60} \quad \frac{1}{60} \quad \frac{1}{30} \quad \frac{1}{6}$$
$$\frac{1}{7} \quad \frac{1}{42} \quad \frac{1}{105} \quad \frac{1}{140} \quad \frac{1}{105} \quad \frac{1}{42} \quad \frac{1}{7}$$

In figura riportiamo il *Triangolo armonico di Leibniz*. Un triangolo numerico studiato da Leibniz per le sue straordinarie proprietà. Il numeratore di tutte le frazioni è sempre 1, mentre ogni frazione è la somma delle due frazioni immediatamente sottostanti. Ad esempio, $1/30 = 1/60 + 1/60$ e $1/20 = 1/60 + 1/30$.

Ogni termine si può anche calcolare come differenza fra il numero soprastante a destra e quello di fianco a destra. Ad esempio, 1/20 = 1/12 – 1/30.

Molte altre proprietà si possono ancora trovare allargando l'indagine al triangolo numerico formato dai denominatori del Triangolo di Leibniz. Si può poi proseguire cercando il collegamento tra il Triangolo di Tartaglia* e quello di Leibniz. Un collegamento molto semplice e immediato. Per ottenere i termini di ogni riga del Triangolo di Leibniz è sufficiente dividere il termine iniziale della riga considerata per tutti i termini della riga precedente del Triangolo di Pascal. E quindi la terza riga del Triangolo di Leibniz si ottiene dividendo il primo termine di questa riga per tutti i termini della seconda riga del Triangolo di Pascal e così via.

1

1 1

1 2 1

1 3 3 1

1 4 6 4 1

1 5 10 10 5 1

Per esempio: la frazione 1/4 è il termine iniziale della quarta riga del Triangolo di Leibniz. La riga da prendere in considerazione nel triangolo di Pascal è la terza riga, i cui termini sono 1, 3, 3, 1. Se dividiamo 1/4 rispettivamente per 1, 3, 3 e 1 otteniamo quattro termini che formano la quarta riga del triangolo di Leibniz, 1/4, 1/12, 1/12 e 1/4.

E la nostra indagine è soltanto all'inizio. Il gioco può proseguire, diventando sempre più matematico. Buon divertimento.

* Cfr. cap. 6, «Tartaglia tra numeri a battaglie».

3. Altre varianti del *Solitario*

Esistono molte altre scacchiere, di forma diversa dalle due più note, la versione americana e quella francese.

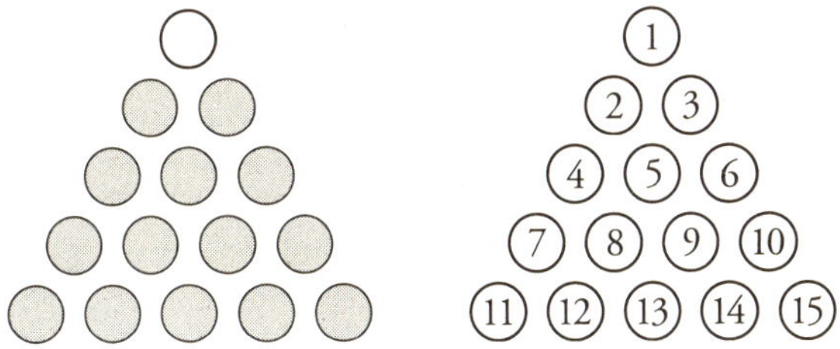

La più semplice è quella triangolare di cui riportiamo una versione che si trova in commercio e ha 15 caselle. È facile costruirne una simile con gettoni o pedine di altro tipo. Le regole sono analoghe a quelle del *Solitario classico*, ma in questo caso i salti permessi sono in diagonale e in orizzontale.

Una soluzione (con la numerazione di figura) del *Triangolo Solitario*:

6-1, 4-6, 1-4, 7-2, 13-4, 2-7, 11-4, 14-5, 10-3, 3-8, 4-13, 12-14, 15-13.

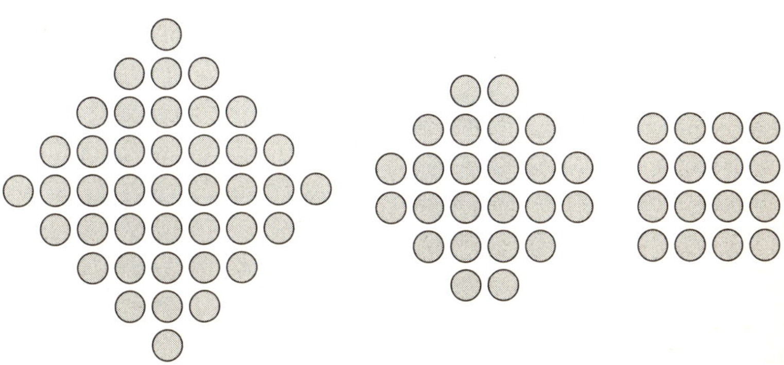

Altre varianti della scacchiera per il Solitario. *È sempre possibile togliere un gettone iniziale e restare, alla fine del gioco, con un unico gettone finale*

4. *La volpe e le oche*

Le origini di questo gioco risalgono ai tempi dei vichinghi. Nell'Ottocento, in Gran Bretagna era il gioco preferito dalla Regina Vittoria. *La volpe e le oche* è molto simile al *Solitario classico* e gli schemi delle due varianti più popolari sono riportate in figura.

La prima con 13 pedine che rappresentano le oche (nere) più una (bianca) che rappresenta la volpe. La seconda prevede invece 17 oche. Si gioca in due e le regole più diffuse sono le seguenti.

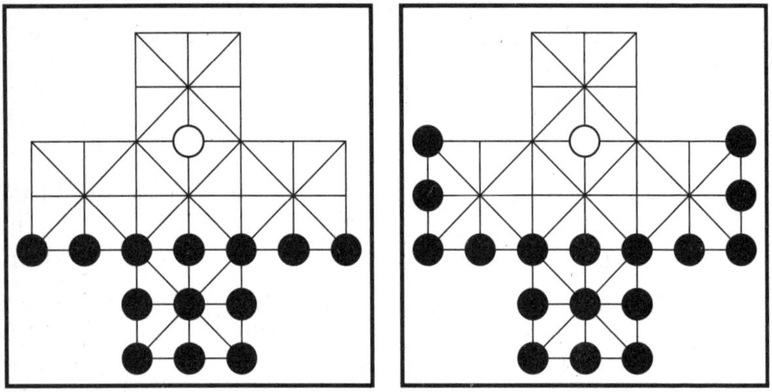

Uno dei giocatori è la volpe e l'altro rappresenta le oche. Il giocatore al quale toccano le oche, le sistema secondo uno dei due schemi di figura. L'altro giocatore colloca la volpe in una qualsiasi delle caselle rimaste libere. Scopo del gioco per il conduttore delle oche è di bloccare la volpe, spingendola in un angolo e impedendole così ogni movimento. Per il conduttore della volpe l'obiettivo è invece quello di « mangiare » le oche e vince quando queste sono in numero insufficiente per bloccare la volpe. A turno i due giocatori effettueranno la loro mossa e inizia il gioco il conduttore delle oche, al quale è permesso il movimento orizzontale o verticale da una casella a quella adiacente se è libera. Non può invece muoversi in diagonale e neanche tornare indietro. La volpe muove di una casella in qualsiasi direzione, anche diagonale. Per mangiare un'oca la volpe deve muoversi come nel gioco della dama, saltando l'oca adiacente e andando a occupare, se è libera, la ca-

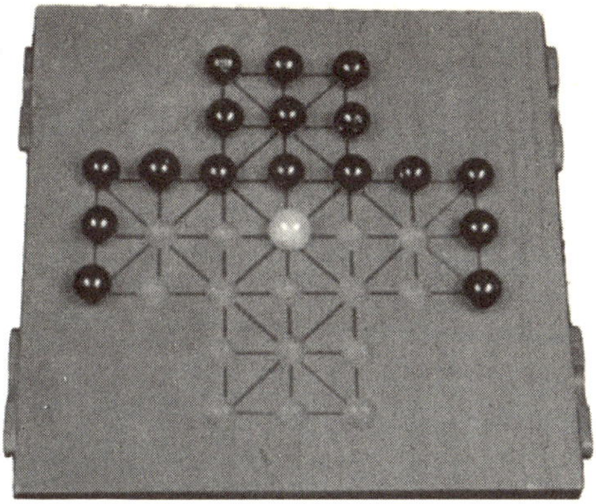

Una scacchiera per il gioco La volpe e le oche.
Elliott Avedon Virtual Museum of Games, University of Waterloo, Canada

sella che si trova dietro l'oca. Come nella dama, la volpe può compiere più salti in successione e mangiare quindi più oche in una mossa sola. Le oche mangiate vengono tolte dalla scacchiera.

Le oche cercano di spingere la volpe in un angolo in modo da impedirle qualsiasi movimento. Se ci riescono hanno vinto. Vince invece la volpe se riesce a catturare un numero di oche sufficiente in modo da impedire, come abbiamo detto, a quelle che rimangono di immobilizzarla.

5. Problemi divertenti

Ogni gioco ha più soluzioni. La loro ricerca è compito del lettore.

1. Il gioco inizia con le due caselle vuote, segnate in figura, e termina con due pedine nelle stesse caselle.

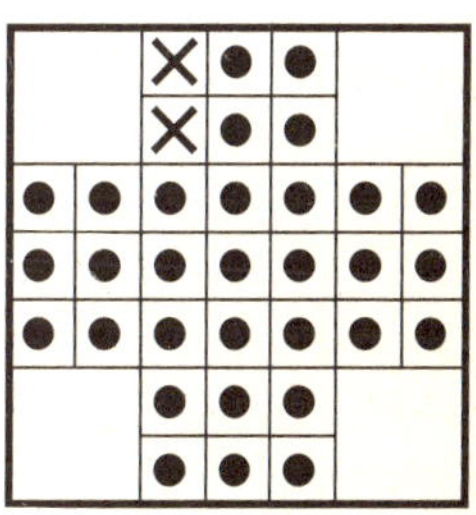

2. Lo stesso gioco ma con due caselle diverse, segnate in figura.

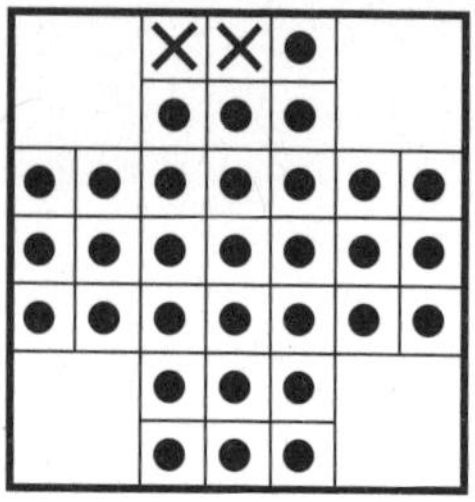

3. Una configurazione da chiudere con un'unica pedina nella casella segnata in figura.

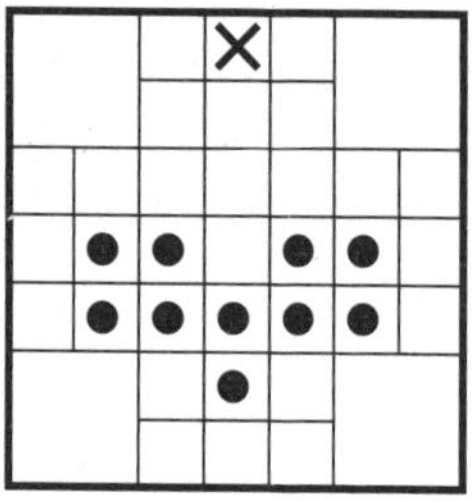

4. Ancora un gioco da chiudere con un'unica pedina nella casella segnata, partendo dalla configurazione di figura.

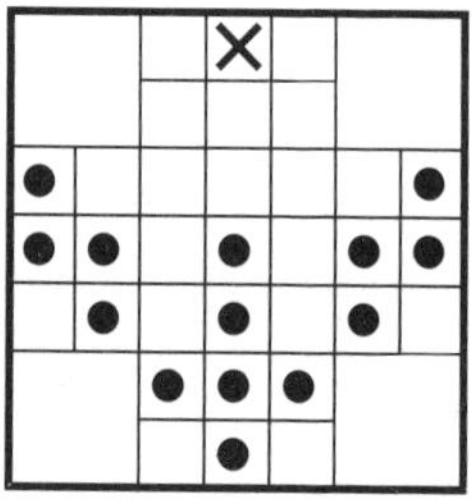

5. Un gioco su una scacchiera quadrata 8×8. Partire con la casella vuota di figura per chiudere con una sola pedina nella casella con la pedina ingrandita.

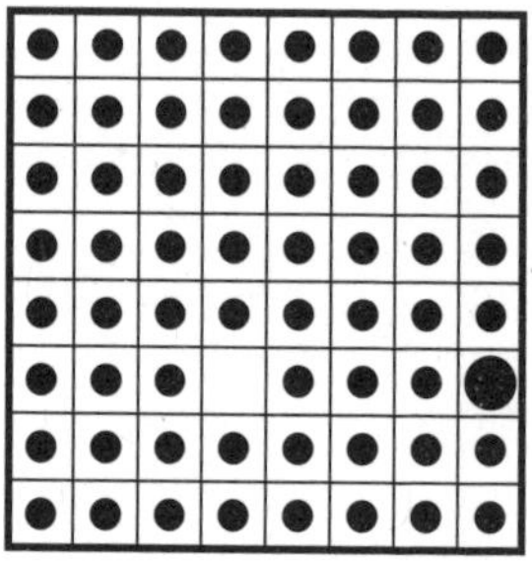

6. Un gioco su una scacchiera triangolare. Si parte con la casella vuota di figura e si arriva con un'unica pedina nella stessa casella di partenza.

7. Una scacchiera esagonale: si parte con la casella centrale vuota e si arriva con una sola pedina nella stessa casella centrale.

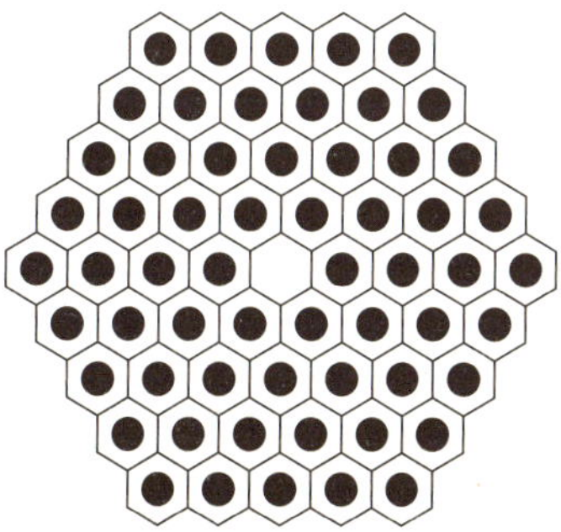

Per saperne di più

Federico Peiretti, *Il matematico si diverte*, Longanesi, Milano, 2010.

E.J. Aiton, *Leibniz*, Il Saggiatore, Milano, 1991.

Martin Gardner, *Enigmi e giochi matematici*, vol. IV, Sansoni, Firenze, 1977, pp. 109-122.

John Beasley, *The Ins and Outs of Peg Solitaire*, Oxford University Press, Oxford, 1985.

E.R. Berlekamp, J.H. Conway, R.K. Guy, *Winning Ways for Your Mathematical Plays*, Academic Press, Waltham, Mass., 1982.

Ci sono migliaia di pagine web dedicate al *Solitario*, *Peg Solitaire* in inglese. Le più belle sono quelle del matematico Alexander Bogomolny:
http://cut-the-knot.com/proofs/pegsolitaire.html
http://cut-the-knot.com/proofs/rsolitaire.html
http://www.cut-the-knot.org/Curriculum/Combinatorics/LeibnizTriangle.shtml

L'analisi minuziosa delle varianti del gioco:
http://www.tohmori.jp/
http://www.gpj.connectfree.co.uk/gpjj.htm
http://www.mathematische-basteleien.de/solitaire.htm

La matematica del *Solitario*:
http://www.stanford.edu/~chuongdo/satpage/
http://plus.maths.org/content/mathematical-mysteries-solitaire-advance

Straordinario! 247 varianti del *Peg Solitaire* on line:
http://euler.free.fr/PegSolitaire.htm

La volpe e le oche:
http://gamesmuseum.uwaterloo.ca/VirtualExhibits/Vikings/fox/index.html

Le diciotto mosse, passo per passo, della soluzione del *Solitario* con il numero minimo di mosse necessarie:
http://www.chessandpoker.com/peg-solitaire-solution.html

7
MONETE IN GIOCO

Gettiamo un'altra volta la moneta di ferro
che è anche uno specchio magico. Il suo rovescio
è nulla, nessuno, ombra e cecità. Sei questo.
Di ferro le due facce formano un'eco sola.

Jorge Luis Borges

1. La moneta è un dado a due facce

Le monete di metallo possono servire, anche semplicemente come gettoni, per un gran numero di giochi. Possiamo dire che le monete sono la versione più semplice dei dadi, con soltanto due casi possibili: *Testa* o *Croce*. Simili ai rametti, piatti da una parte e arrotondati dall'altra, che venivano usati, proprio come dadi, migliaia di anni fa.*

Se la moneta non è truccata o non è in mano a un prestigiatore, lanciata in aria, sappiamo che quando cade c'è una probabilità su due che sia *Testa*. E una probabilità identica, una su due, che sia *Croce*. Questo però in pratica non è proprio esatto. La massa di una moneta infatti non è distribuita uniformemente sulle due facce. Se fate attenzione, generalmente una delle due facce, sovente *Testa*, ha una massa maggiore della faccia opposta, ovvero *Croce*. Questa differenza di massa influirà naturalmente sul risultato di un lancio, e per un certo numero di lanci sufficientemente elevato si osserverà che viene favorita in genere l'uscita *Croce*. La differenza in percentuale cresce ancora se non si raccoglie la moneta in mano, ma la si lascia rotolare per terra. Si può arrivare in

[1] Cfr. cap. 3, « Probabilmente i dadi ».

questo caso ad avere *Testa* soltanto nel 30 per cento dei casi. Attenzione dunque, in una partita di calcio, all'assegnazione alle squadre delle due metà del campo, quando si decide con il lancio di una moneta.

Nel caso di monete « regolari », in perfetto equilibrio tra le due facce, vediamo ora cosa succede, lanciando più volte una singola moneta.

Con un solo lancio il risultato è *Testa* o *Croce*, quindi con una probabilità su due, 1/2 per entrambi. Con due lanci abbiamo 4 risultati possibili (2×2), ognuno con una probabilità a ogni lancio di 1/4. Con tre lanci abbiamo 8 risultati possibili (2×2×2) e quindi una probabilità di 1/8. In generale possiamo dire che con n lanci ci saranno 2^n risultati possibili.

I risultati possibili con un'unica moneta, lanciata più volte, sono i seguenti.

Con un lancio abbiamo 2 risultati possibili:

T, C

una probabilità per entrambi gli esiti di 1/2.

Con due lanci abbiamo 4 risultati possibili:

TT, TC, CT, CC

una probabilità per ciascun esito di 1/4.

Con tre lanci abbiamo 8 risultati possibili:

TTT, TTC, TCT, CTT, TCC, CTC, CCT, CCC

una probabilità per ciascun esito di 1/8.

Con quattro lanci abbiamo 16 risultati possibili:

TTTT, TTTC, CTTT, TTCT, TCTT, TTCC, TCTC, TCCT, CTTC, CTCT, CCTT, CTCC, CCTC, TCCC, CCCT, CCCC

una probabilità per ciascun esito di 1/16.

Ad esempio, osserviamo che, con tre lanci, la probabilità di avere come risultato tre volte *Testa* è 1/8, mentre la probabilità di avere una sola volta *Testa* è 3/8, corrispondente a uno dei seguenti risultati:

TCC, CTC, CCT

Con quattro lanci la probabilità di avere come risultato quattro volte *Testa* è 1/16, e la probabilità di avere due volte *Testa* è 6/16 ovvero 3/8, corrispondente a uno dei seguenti risultati:

TTCC, TCTC, TCCT, CTTC, CTCT, CCTT

2. Il *Salto* con le monete

Un foglio di carta e alcune monete sono sufficienti per impostare un gioco che, per le sue numerose varianti, come vedremo, può avere importanti risvolti matematici.

Il *Salto* è uno dei giochi con le monete più noti. Una delle versioni più semplici prevede che si disegni una fila di sette caselle quadrate. Si lascia poi una casella vuota al centro e sei monete sono collocate nelle altre caselle: *Testa* sulle tre caselle a sinistra della casella vuota e *Croce* sulle tre caselle a destra.

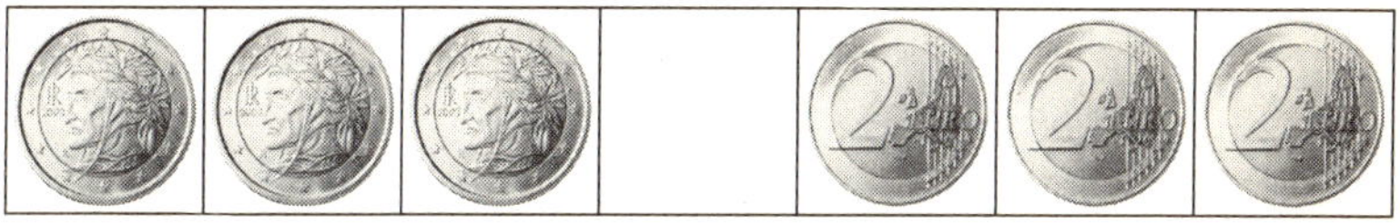

Il gioco all'origine si chiamava semplicemente *Salto*, ma oggi è noto anche come *Rane e rospi*, *Capre e pecore* o *Ingorgo stradale*, secondo le immagini che si possono usare per il gioco on line, al posto delle monete.

Il gioco consiste nello scambiare le posizioni delle tre monete *Testa* con quelle delle tre monete *Croce*, con il minor numero possibile di mosse.

Le regole sono le seguenti:

a) è permesso spostare una moneta *Testa* o una *Croce* in una casella adiacente se questa è vuota, sempre da sinistra a destra per le monete *Testa* e in senso inverso per le monete *Croce*;

b) una moneta *Testa* o una *Croce* può saltare un'altra moneta, *Testa* o *Croce*, se la casella successiva alla moneta saltata è vuota (con un salto simile a quello della dama). Le monete, *Testa* o *Croce*, non possono ritornare indietro.

Iniziamo, come abbiamo detto, con tre *Testa*, tre *Croce* e una casella vuota al centro. Calcoliamo il numero di mosse necessarie per chiudere il gioco. Quanti salti e quanti spostamenti dobbiamo fare? Allarghiamo poi la nostra indagine. Se variamo il numero delle monete *Testa* e *Croce*, come varia il numero totale delle mosse? Proviamo dapprima con un numero sempre identico di *Testa* e di *Croce* e passiamo poi a numeri diversi di *Testa* e di *Croce*. Possiamo trovare una formula generale? E se lasciamo più di una casella vuota al centro? Si invita il lettore a studiare il gioco e cercare una risposta a queste domande.

La risposta a p. 170.

3. Problemi divertenti

1. In fila per tre

Nove monete sono collocate su un quadrato 3×3. Segnate in figura ci sono 8 righe di 3 monete. Togliere 3 monete e sistemare le 6 che rimangono su 3 righe, in modo che ogni riga contenga ancora 3 monete.

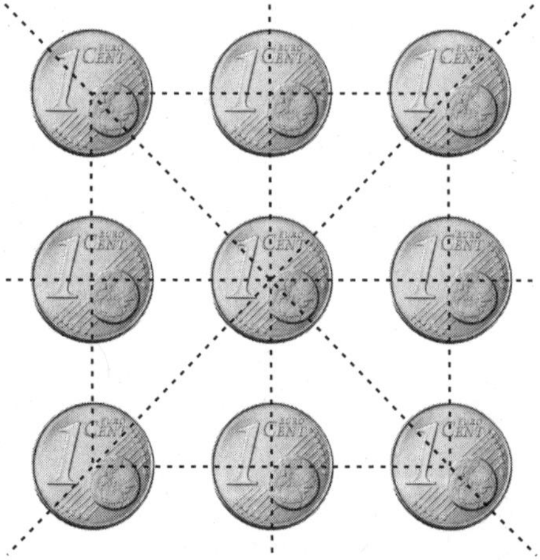

2. Monete in coppia

Mettiamo 10 monete in fila e muoviamole in modo da arrivare a 5 pile di 2 monete. Il movimento previsto porta una moneta a saltarne sempre due e a collocarla nella terza posizione, dopo le due monete saltate. Si considera valido il salto anche se le due monete formano già un'unica pila. Qual è il numero minimo di mosse necessarie per risolvere il gioco?

3. Coppie in cerchio

Questo è un problema simile al precedente. Le monete però sono 12 e sono poste in cerchio. Si seguono le stesse regole.

Una moneta ne deve saltare due e si colloca nella terza posizione, dopo le due monete saltate. Si considera valido il salto anche se le due monete formano già una pila. Qual è il numero minimo di mosse necessarie per risolvere il gioco?

4. Il gioco delle sette monete

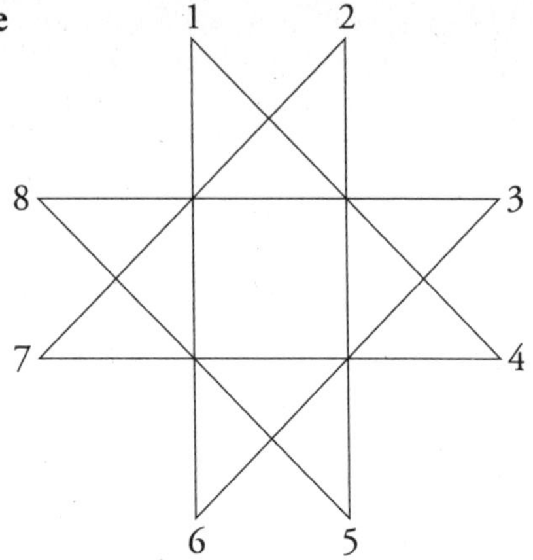

Sette monete devono essere collocate ai vertici della stella, in modo che ogni moneta venga posta su una linea libera, ossia su una linea ai cui estremi non ci siano altre monete. Ad esempio, possiamo partire con una moneta sul vertice 1 e blocchiamo in tal modo le linee 1-4 e 1-6, con una moneta sul vertice 2 blocchiamo le linee 2-5 e 2-7, con la moneta su 3, le linee 3-6 e 3-8, con la moneta su 4, la linea 4-7 e con la moneta su 5, la linea 5-8. A questo punto non ci sono più linee libere, e siamo fuori gioco poiché abbiamo collocato soltanto cinque delle sette monete previste. Quale strategia si deve seguire per riuscire a collocare tutte e sette le monete?

5. Triangoli di monete

Le sei monete in figura formano un triangolo equilatero, con tre monete per lato e il vertice in alto. Per capovolgere il triangolo sono necessarie, come minimo, due mosse. Si devono spostare le due monete più chiare, figura a), in modo che ogni moneta ne tocchi sempre almeno altre due, come indicato in figura b).

a) *b)*

Con dieci monete in figura, cioè con un triangolo equilatero di quattro monete per lato, qual è il numero minimo di monete da spostare, per capovolgere il triangolo?

E con un triangolo equilatero di 5, 6, 7..., *n* monete per lato?

È possibile trovare una regola generale con triangoli equilateri di *n* monete per lato.

6. Dal triangolo alle monete in fila

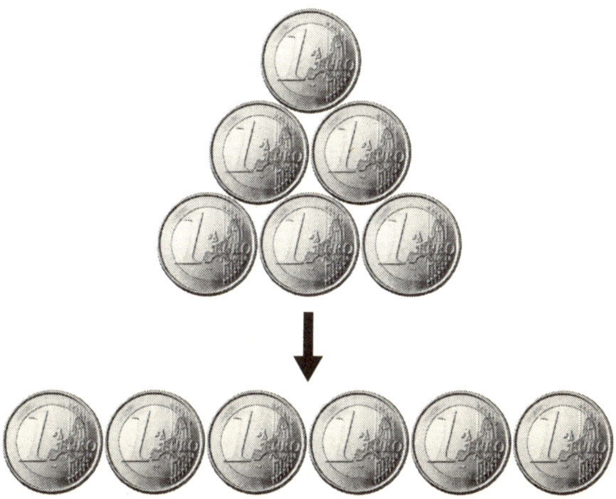

Si provi ora a spostare le monete del triangolo di figura, in modo che a ogni mossa la moneta spostata tocchi sempre altre 2 monete, per arrivare ad avere tutte le monete in fila, con 7 mosse.

7. La moneta più pesante

Di 21 monete all'apparenza tutte uguali, una ha un peso leggermente superiore a quello delle altre. Se abbiamo a disposizione una bilancia a due piatti, quante pesate dovremo fare per determinare la moneta più pesante? E se le monete fossero 201, sempre con una moneta che pesa più delle altre, quante pesate dovremo fare per individuarla?

8. Le sedici monete

Dopo aver sistemato 16 monete su una scacchiera quattro per quattro, toglierne 6 in modo che rimanga un numero pari di monete su ogni riga e su ogni colonna.

9. Le monete in fila per tre

Dodici monete sono state collocate sui quattro lati di un rettangolo, in modo che su ogni lato ci siano tre monete, con uno spazio vuoto a sinistra e a destra delle tre monete. Dobbiamo spostarle in modo che ci siano sempre tre monete su ogni lato del rettangolo, avendo però a disposizione soltanto undici monete. E dieci monete, come le dobbiamo disporre per contare sempre tre monete su ogni lato? E se abbiamo a disposizione nove monete, oppure otto? Qual è il numero minimo e il numero massimo di monete necessarie per poter avere tre monete per lato? E quattro monete per lato? E con cinque, sei, sette, otto... monete?

I numeri minimi di monete per lato creano una successione come i numeri massimi di monete per lato. Cosa si può dire su queste due successioni? Ci sono altre osservazioni da fare?

10. Pagnotte e monete

Quello che segue è un problema di Giuseppe Peano.*

Due viaggiatori, uno dei quali ha 5 pagnotte e l'altro 7, ne incontrano un terzo affamato che li invita a dividere con lui le loro provviste. I tre mangiano insieme e il terzo sopraggiunto, dopo aver mangiato, se ne va lasciando ai primi due 12 monete. Come dovranno essere divise queste monete fra i due compagni?

* Cfr. cap 8, «Giuseppe Peano, per una matematica divertente».

11. Monete in fila

In figura ci sono 18 monete collocate su tre file di 6 monete ciascuna. Com'è possibile sistemare le 18 monete in sei file di 4 monete ciascuna?

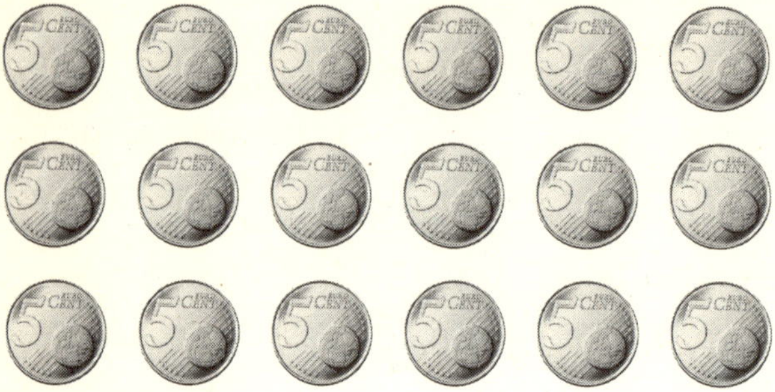

12. Le sei monete

Date le sei monete di figura, a forma di parallelogramma, sistemarle in modo da formare un esagono, come indicato in figura, lasciando un buco al centro che consenta di inserire esattamente una settima moneta.

Non è permesso usare una settima moneta per sistemare correttamente le sei monete. È permesso soltanto spostare le monete, senza segnare in alcun modo la loro posizione.

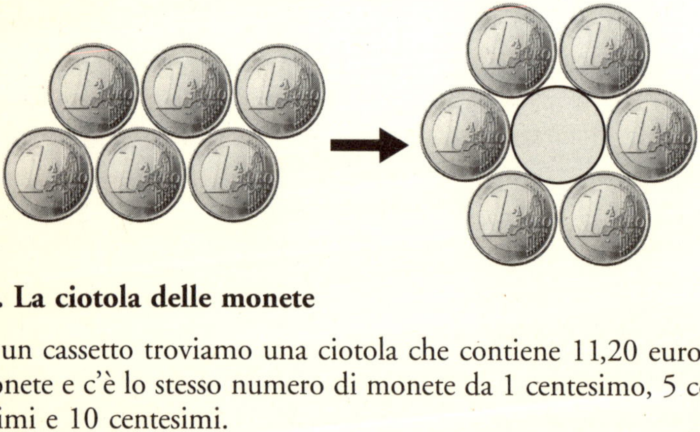

13. La ciotola delle monete

In un cassetto troviamo una ciotola che contiene 11,20 euro in monete e c'è lo stesso numero di monete da 1 centesimo, 5 centesimi e 10 centesimi.

Quanti sono i pezzi dello stesso tipo di moneta?

14. Dodici monete per un quadrato

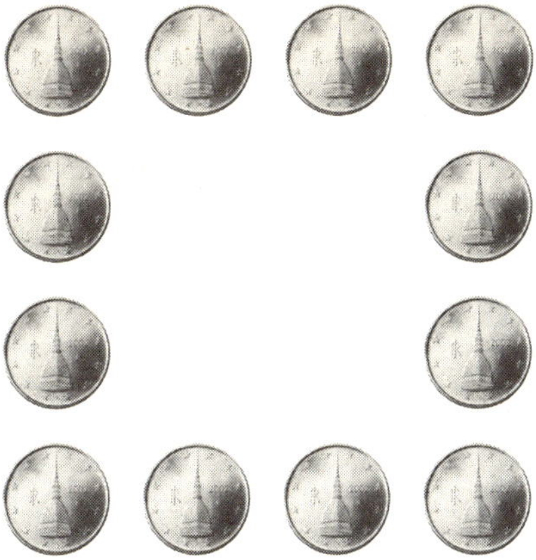

Dodici monete sono sistemate a quadrato, come in figura, con quattro monete per lato.

Collocarle sempre a quadrato, ma in modo che si abbiano cinque monete per lato.

15. Due dita per un gioco

Ci sono sei monete da 2 euro in fila, alternate *Testa* e *Croce*. Le monete devono essere spostate in modo che si trovino sempre in fila, ma le tre *Testa* si trovino a destra e le tre *Croce* a sinistra, come indicato in figura, nella seconda fila. È consentito muovere le monete soltanto prendendone due insieme, con due dita, l'indice e il medio, spostandole senza ruotarle. Sono sufficienti tre mosse.

16. Le dieci monete

Dieci monete vengono collocate su due file di 5 monete ciascuna (figura a pagina seguente). Le due file di monete devono essere collocate a una distanza tale per cui si trovino sui due lati di un quadrato di 5×5 monete. Muovere poi quattro di queste monete, senza spostare le altre, in modo che tutte insieme le monete si trovino così su cinque linee rette di quattro monete ciascuna.

17. Le monete cinesi

Questo curioso problema arriva dalla *Cyclopedia of Puzzles* di Sam Loyd.* I cinesi coniavano monete migliaia di anni prima dell'era cristiana, ma la loro difficoltà a comprendere i principi fondamentali della valuta li ha portati a commettere grossolane bizzarrie. Nel Regno dei fiori i pagamenti più importanti vengono effettuati in lingotti d'oro, sui quali è impressa la data e il nome del banchiere, ma la valuta del Paese è rappresentata dai *taels* o denaro dal valore variabile nel tempo. Essi ridussero sempre più lo spessore del *tael* e infine, 2000 di essi sovrapposti raggiungevano un'altezza inferiore ai tre pollici. Allo stesso modo, le monete spicciole sono d'ottone con uno spessore variabile e un foro centrale di forma rotonda, quadrata o triangolare. Il suo valore è di poco superiore a un millesimo del nostro dollaro. I cinesi calcolano il loro valore infilandole con uno spago, in modo da misurarne l'altezza e quindi il valore in *bit* o *chips*.

Supponiamo che undici monete con foro rotondo valgano 15 bit, undici con foro quadrato valgano 16 bit e undici con foro triangolare valgano 17 bit. Trovare quante monete con il foro rotondo, quadrato o triangolare sono necessarie per acquistare un prodotto che vale 11 bit.

* Federico Peiretti, *op. cit.*, cap. 9, «Sam Loyd».

18. Il giro della moneta

Ci sono due monete sovrapposte e quella superiore ruota attorno all'altra che si mantiene fissa.

Se la prima fa un giro completo attorno a quella fissa, ritornando così al punto di partenza, quante volte sarà ruotata di 360 gradi?

4. Risposte

Riportiamo in tabella la soluzione al gioco del *Salto*, con tre monete *Testa* e tre *Croce*, dove **T** e **C** indicano le due facce della moneta.

Il numero minimo delle mosse è 15 e si hanno in tutto 6 spostamenti e 9 salti, indicati nella colonna di destra, rispettivamente con * e con **.

0	T	T	T	.	C	C	C	
1	T	T	.	T	C	C	C	*
2	T	T	C	T	.	C	C	**
3	T	T	C	T	C	.	C	*
4	T	T	C	.	C	T	C	**
5	T	.	C	T	C	T	C	**
6	.	T	C	T	C	T	C	*
7	C	T	.	T	C	T	C	**
8	C	T	C	T	.	T	C	**
9	C	T	C	T	C	T	.	**
10	C	T	C	T	C	.	T	*
11	C	T	C	.	C	T	T	**
12	C	.	C	T	C	T	T	**
13	C	C	.	T	C	T	T	*
14	C	C	C	T	.	T	T	**
15	C	C	C	.	T	T	T	*

Con 3 monete sono quindi necessarie 15 mosse, con 9 salti e 6 spostamenti.

Si osservi che il rettangolo che indica le diverse posizioni di *Testa* e *Croce* è simmetrico rispetto al centro.

Nel caso di quattro *Testa* e quattro *Croce* sono necessarie 24 mosse, con 8 spostamenti e 16 salti.

In generale se n indica il numero delle monete *Testa* uguale a quello delle monete *Croce*, è facile compilare la seguente tabella:

$n = 1$ mossa 3	salti 1	spostamenti 2
$n = 2$ mosse 8	salti 4	spostamenti 4
$n = 3$ mosse 15	salti 9	spostamenti 6
$n = 4$ mosse 24	salti 16	spostamenti 8
$n = 5$ mosse 35	salti 25	spostamenti 10

Osserviamo che il numero totale delle mosse necessarie per completare il gioco con n monete è $n\ (n + 2)$.

E precisamente il numero dei salti è n^2, mentre il numero degli spostamenti è $2n$.

La ricerca potrebbe proseguire per vedere cosa succede con un numero diverso di monete *Testa* e *Croce*, oppure variando il numero delle caselle vuote.

1. In fila per tre

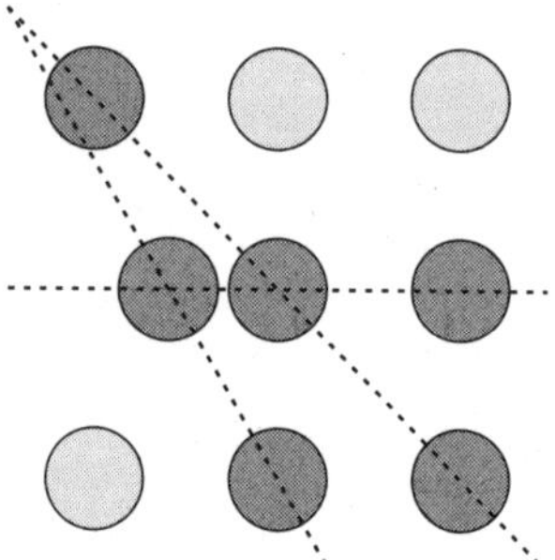

2. Monete in coppia

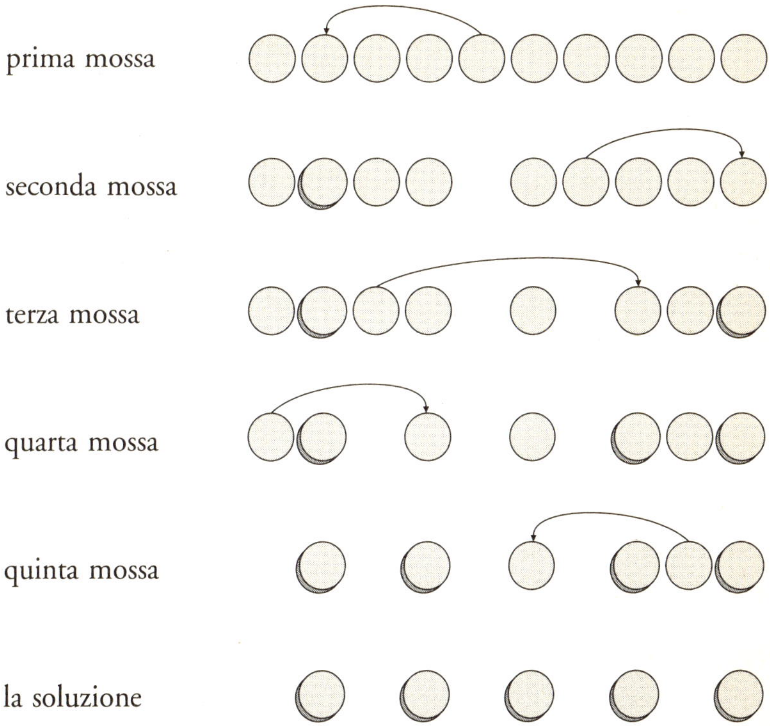

3. Coppie in cerchio

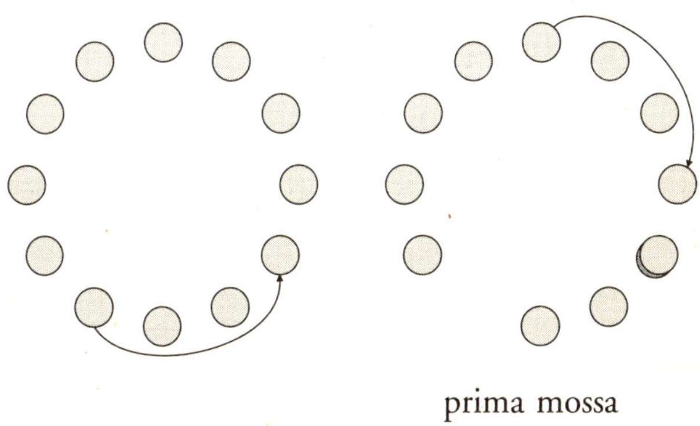

prima mossa

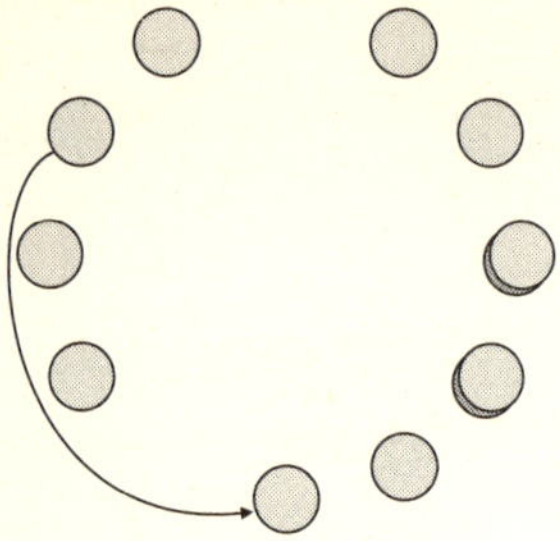

seconda mossa

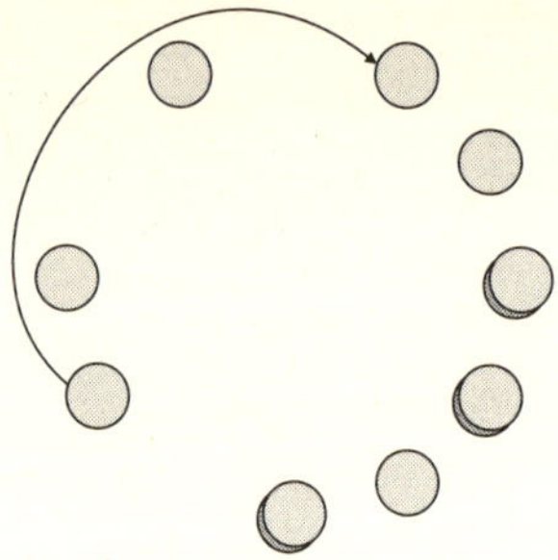

terza mossa

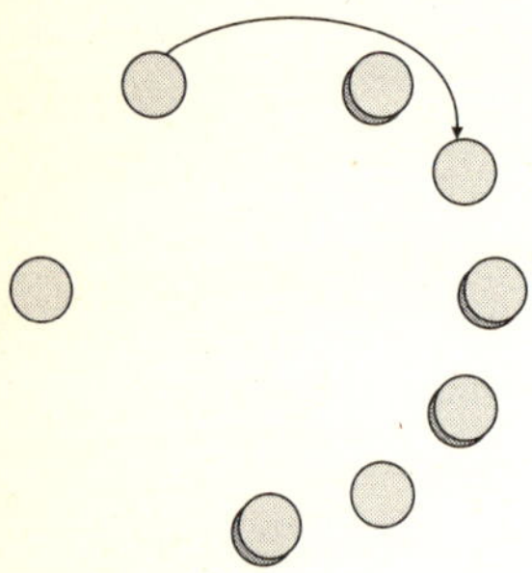

quarta mossa

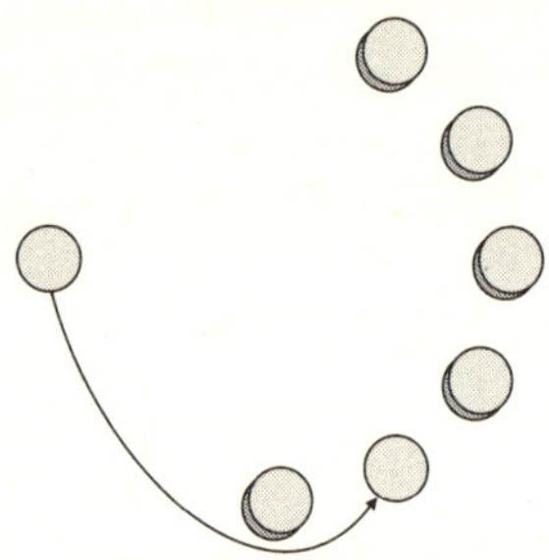

quinta mossa

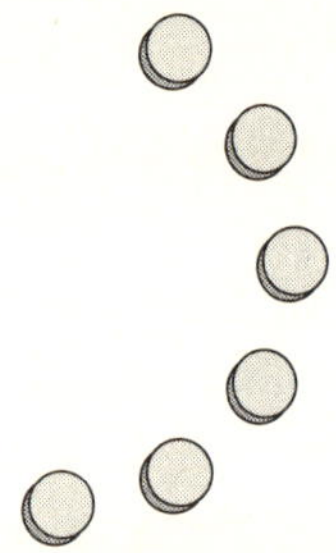

la soluzione

4. Il gioco delle sette monete

Per arrivare alla soluzione del gioco si deve cercare, a ogni mossa, di bloccare il minor numero possibile di linee. Ad esempio, partendo con la prima moneta in 1 si bloccano due linee: 1-4 e 1-6. A questo punto si deve collocare la seconda moneta su 4 oppure su 6, perché in questo modo viene bloccata soltanto un'altra linea. Ad esempio, occupando il vertice 4 viene bloccata soltanto una nuova linea, la 4-7, poiché la 4-1 era già bloccata. La terza moneta potrà essere collocata su 6 oppure su 7 e così via.

Ogni moneta, a parte la prima, ha due possibilità, poiché può essere collocata su due diversi vertici e quindi le soluzioni possibili sono 2^6, cioè 64. Se si tiene presente che la prima moneta può essere collocata su uno qualsiasi degli otto vertici della stella, le soluzioni possibili diventano $8 \times 64 = 512$.

5. Triangoli di monete

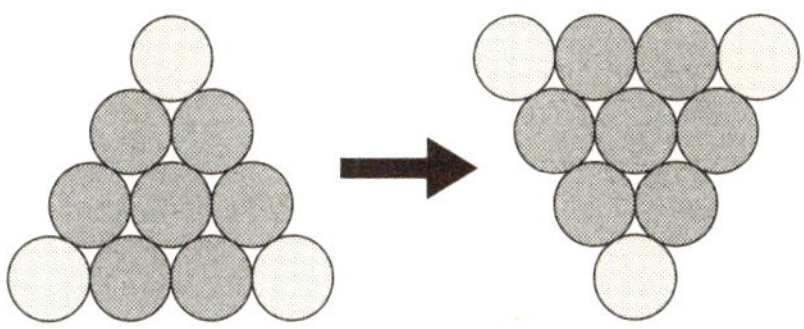

Il numero minimo di spostamenti è di 3 monete. In generale, si scopre che il numero minimo di monete da spostare è uguale al numero delle monete che compongono il triangolo, diviso per 3, senza tener conto del resto eventuale.

6. Dal triangolo alle monete in fila

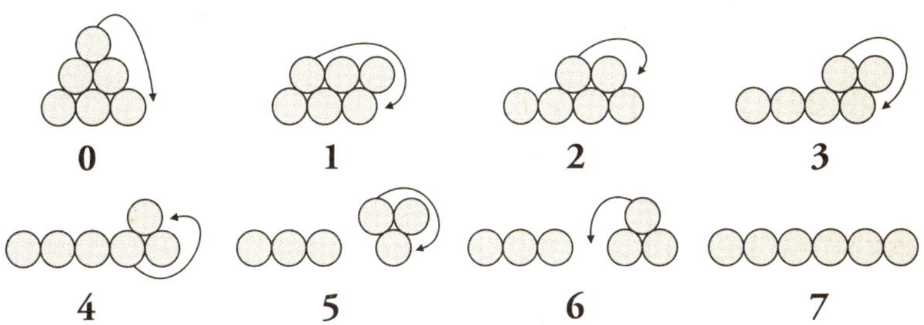

7. La moneta più pesante

Sono necessarie due o tre pesate. Dividiamo le 21 monete in tre gruppi di 7.

Prima pesata: poniamo due gruppi sulla bilancia. Se il peso è uguale la moneta più pesante è nel terzo gruppo, altrimenti è nel gruppo più pesante fra i due.

Seconda pesata: del gruppo più pesante di sette monete, ne poniamo 3 e 3 sui due piatti e 1 la lasciamo fuori. Se le monete sui piatti hanno lo stesso peso, allora quella più pesante è quella non pesata e abbiamo trovato la risposta, altrimenti è nel gruppo di 3 che pesa di più.

Terza pesata: 2 delle 3 monete sulla bilancia e 1 fuori. Quella più pesante è su uno dei piatti della bilancia oppure è quella rimasta fuori.

Con 201 monete occorrono invece 4 o 5 pesate.

Si procede allo stesso modo.

I) Tre gruppi di 67 monete.

II) Dal gruppo più pesante, tre gruppi di 22, 22 e 23 monete.

III) Dal gruppo più pesante, se è di 22 monete, tre gruppi di 7, 7 e 8 monete. Se il gruppo più pesante è invece di 23 monete, tre gruppi di 8, 8 e 7 monete.

IV) Dal gruppo più pesante, se è di 7 monete, tre gruppi di 3, 3 e 1 moneta. Se il gruppo più pesante è invece di 8 monete, tre gruppi di 3, 3 e 2 monete.

V) Se non abbiamo ancora la risposta, e il gruppo più pesante è di 3 monete, come abbiamo fatto nel caso delle 21 monete, poniamo 2 delle 3 monete sulla bilancia e una fuori. Se il gruppo più pesante è di due monete, le mettiamo sui piatti della bilancia e in ogni caso abbiamo la soluzione.

8. Le sedici monete

Sono due le soluzioni possibili:

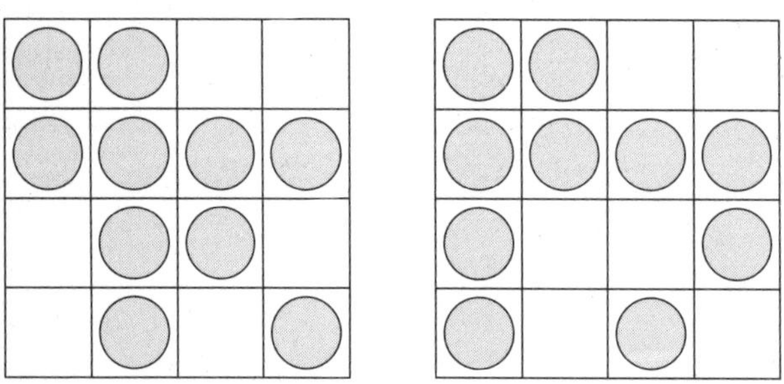

9. Le monete in fila per tre

In fila per 3 con

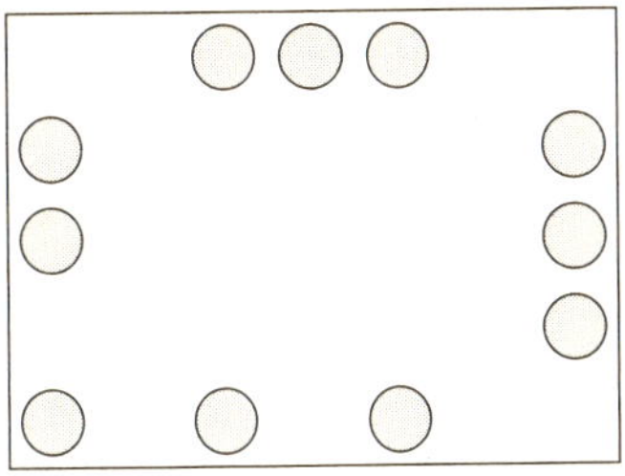

11 monete

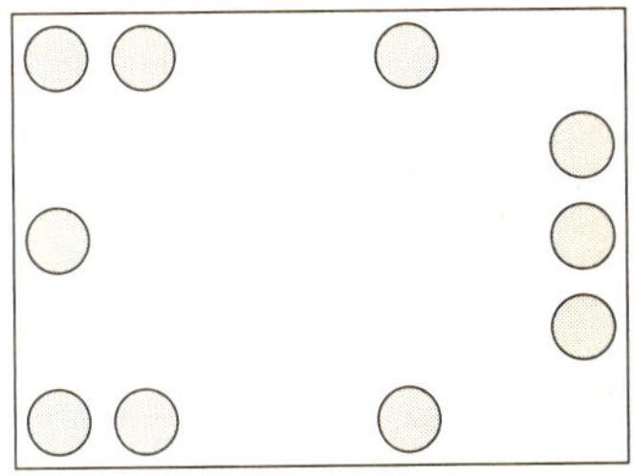

10 monete

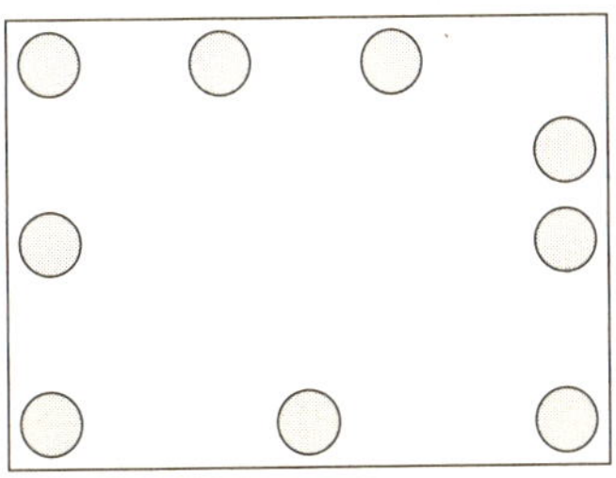

9 monete

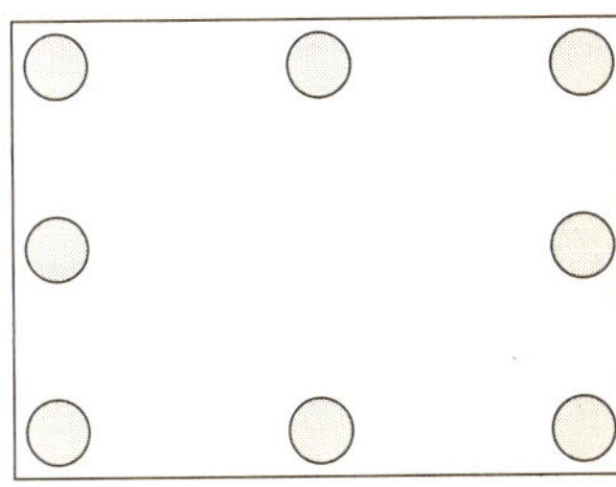

8 monete **A1**

10. Pagnotte e monete

La soluzione prevede che le monete vengano divise in parti proporzionali a 1 e 3. Toccheranno quindi 3 monete al primo viaggiatore e 9 al secondo.

11. Monete in fila

Le monete vanno sistemate sui lati di un esagono.

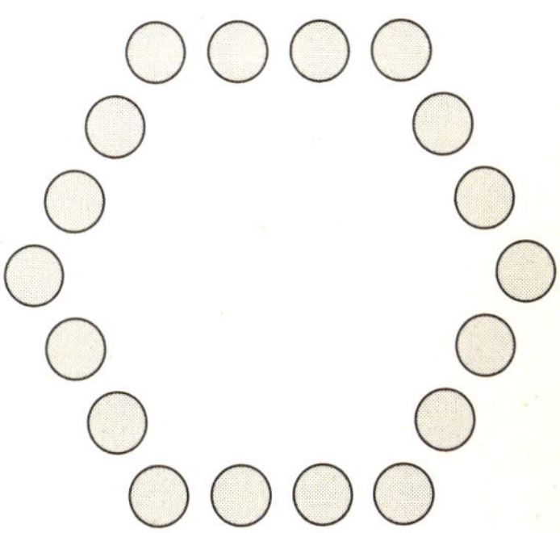

12. Le sei monete

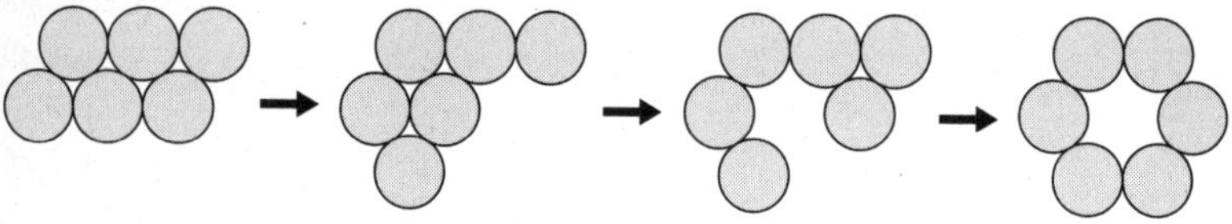

13. La ciotola delle monete

Sono 70 per tipo.

14. Dodici monete per un quadrato

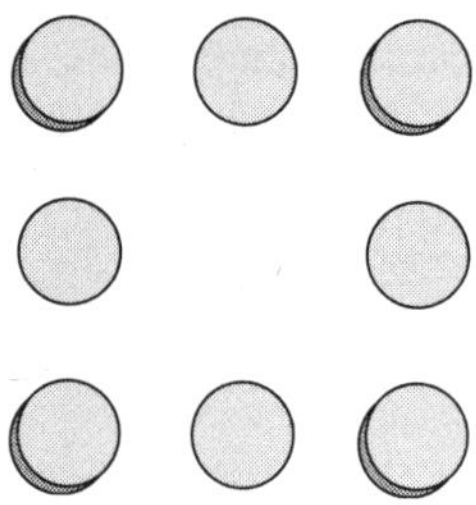

15. Due dita per un gioco

1)

2)

3)

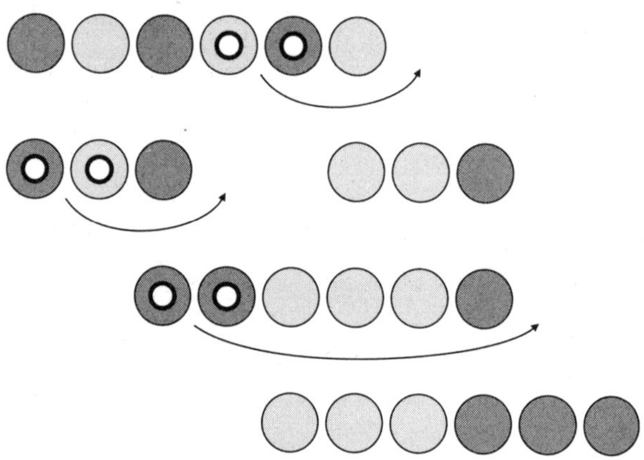

16. Le dieci monete

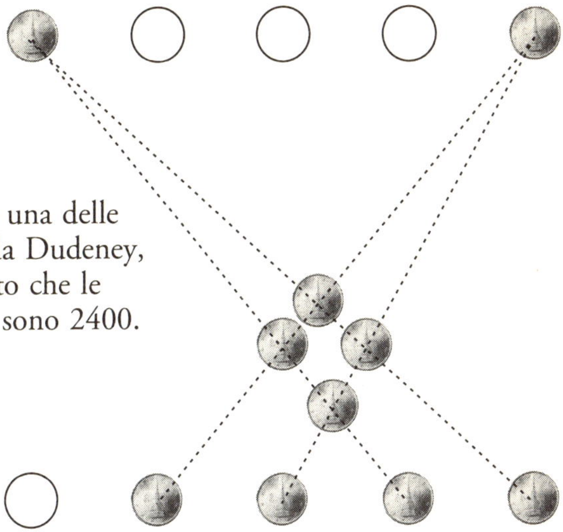

Questa di figura è una delle soluzioni trovate da Dudeney, il quale ha calcolato che le soluzioni possibili sono 2400.

17. Le monete cinesi

Secondo le informazioni che sono state date, una moneta con foro rotondo vale 15/11 di un bit, una moneta con foro quadrato vale 16/11 di un bit e una moneta con foro triangolare vale 17/11 di un bit. Il prodotto che vale 11 bit si potrà quindi comprare con una moneta con foro quadrato e sette monete con foro rotondo:

$$16/11 + 7\times15/11 = 121/11 = 11$$

18. Il giro della moneta

Due volte 360 gradi.

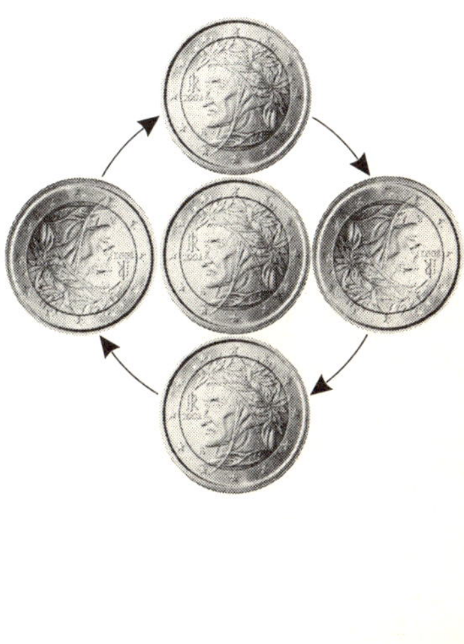

Appendice

A1

Le due successioni dei numeri massimi e minimi di monete sono rispettivamente

8 12 16 20 ...

12 16 20 24 ...

Sono due *progressioni aritmetiche di ragione 4.*

Per saperne di più

Lucia Travaini, *Monete, mercanti e matematica*, Jouvence, Roma, 2003.

Gyles Brandreth, *Games and Puzzles with Coins and Matches*, Corgi Childrens, Londra, 1976.

Nelson Downs, *Classic Coin Tricks: An Unabridged Reprint of Modern Coin Manipulation*, Dover Publications, Mineola, New York, 1999.

Terry Stickels, *Challenging Coin Puzzles*, Scholastic Inc., New York, 2003.

Un ampio saggio su Coin Puzzles:
http://library.msri.org/books/Book42/files/decoins.pdf

Giochi con le monete on line:
http://citeseerx.ist.psu.edu/viewdoc/download?doi=10.1.1.97.4319&-rep=rep1&type=pdf

http://www.alethis.net/amusements/coin/coin.html

http://www.terrystickels.com/Challenging.pdf

http://www.puzzles.com/puzzleplayground/Coins.htm

Una bella collezione di problemi con le monete:
http://nrich.maths.org/public/search.php?search=coin

8
GIUSEPPE PEANO, PER UNA MATEMATICA DIVERTENTE

Gli esami che si danno nelle nostre scuole sono spesso inutili, e non di rado dannosi. [...] *È un vero delitto contro l'umanità tormentare i poveri alunni con esami, per assicurarsi che essi sappiano cose che la generalità del pubblico istruito ignora.*

Giuseppe Peano,
Contro gli esami, 1912

1. Per una scuola dalla parte degli studenti

Giuseppe Peano risulterà sicuramente simpatico agli studenti. È sempre stato dalla loro parte, anche con le sue prese di posizione contro un « mondo accademico » che non gli era certo molto congeniale.

Nacque a Spinetta, in provincia di Cuneo, nel 1858. Studiò dapprima a Cuneo, poi a Torino, dove si laureò all'età di 22 anni. Docente dal 1890 di Analisi infinitesimale all'università di Torino, è stato uno dei più grandi matematici dell'Ottocento, autore di circa 200 libri e documenti matematici. È tra i fondatori della logica matematica e della teoria degli insiemi. Uno dei suoi progetti più ambiziosi è stato il *Formulario matematico*, una « Enciclopedia della Matematica » nella quale raccolse 4200 formule e teoremi, tutti definiti e molti anche dimostrati. Dedicò sempre un'attenzione particolare alla didattica ed è stato uno dei nostri primi preziosi riferimenti quando abbiamo iniziato a insegnare. Non si occupò soltanto di matematica; negli ultimi anni della sua vita si impegnò nella ricerca di una lingua universale, l'*interlingua* che chiamò *latino sine flexione*.

Il suo nome divenne noto in tutto il mondo in seguito agli elogi che Bertrand Russell fece al nuovo linguaggio logico che Peano aveva introdotto per definire i suoi cinque assiomi sui numeri naturali, punto di partenza per il loro studio. In suo onore questi assiomi sono stati chiamati *assiomi di Peano.* Scrive Russell nella sua *Autobiografia*:

« Il Congresso fu il punto di svolta della mia vita intellettuale, perché vi incontrai Peano. Al Congresso notai che era sempre il più preciso di tutti, e che sistematicamente aveva la meglio in ogni discussione in cui si imbarcava. Col passare dei giorni, decisi che questo era l'effetto della sua logica matematica. Capii che il suo formalismo era lo strumento di analisi logica che avevo cercato per anni ».

Scrive la scrittrice Lalla Romano, nipote di Giuseppe Peano: « L'altezza morale e il rigore della mente tanto ammirato da Russell possono bastare per la sua gloria. Ma l'originalità irripetibile della sua natura era ancora in questo: che il rigore della mente si accompagnava a un'altra peculiarità altrettanto rara, la fantasia.

« I poeti sono uomini che non hanno perso la facoltà di meravigliarsi propria dell'infanzia; ebbene, anche gli scienziati veri – creatori – godono di questo privilegio. Infatti la scienza nasce dalla meraviglia come l'arte. Albert Einstein ha scritto: 'Lo studio e la ricerca della verità e della bellezza rappresentano una sfera di attività in cui è permesso di rimanere bambini per tutta la vita'.

« Questi ricercatori detti platonicamente 'della verità e della bellezza' hanno qualcosa che li apparenta ai bambini: una disponibilità, anzi una passione per il gioco. Perché lo spirito creativo è leggero. Peano possedeva questa dote meravigliosa: un'affinità con i bambini che lo portava a capirli ».

Peano morì la notte del 20 aprile 1932. « Com'è retaggio dei saggi (e dei santi), un giorno di lavoro, di vita consueta, ridendo – scrive ancora Lalla Romano –. Raccontava alla moglie un film che l'aveva molto divertito, e rideva tra dolorosi colpi di tosse. »

2. Problemi divertenti

Proponiamo alcuni problemi presentati da Peano nel suo libro *Giochi di aritmetica e problemi interessanti*, pubblicato nel 1924. Sono una raccolta di giochi e problemi « per rendere meno noiosa l'aritmetica », inventati in parte dallo stesso Peano e altri ripresi da celebri raccolte anteriori, come quelle di Fibonacci, di Tartaglia* o di Luca Pacioli.**

Nell'introduzione al libro Peano rivolge alcune raccomandazioni all'insegnante « di buona volontà »: « La differenza tra noi e gli allievi affidati alle nostre cure sta solo in ciò, che noi abbiamo percorso un più lungo tratto della parabola della vita. Se gli allievi non capiscono, il torto è dell'insegnante che non sa spiegare. Né vale addossare la responsabilità alle scuole inferiori. Dobbiamo prendere gli allievi così come sono, richiamare ciò che essi hanno dimenticato, o studiato sotto altra nomenclatura. Se l'insegnante tormenta i suoi alunni, e invece di cattivarsi il loro amore, eccita odio contro sé e la scienza che insegna, non solo il suo insegnamento sarà negativo, ma il dover convivere con tanti piccoli nemici sarà per lui un continuo tormento ».

1. I soldati in fila

Si hanno 14 soldati in fila. La distanza fra un soldato e l'altro è di 3 metri. Qual è la distanza dal primo all'ultimo soldato?

2. Piroscafi in viaggio

Due piroscafi A e B sono partiti insieme per un viaggio di 6000 miglia all'andata e altrettante al ritorno. Il piroscafo A mantiene una velocità di 8 miglia all'ora nell'andata e di 12 miglia all'ora nel ritorno; il piroscafo B mantiene una velocità costante di 10 miglia all'ora. Arrivano insieme al luogo di partenza?

* Cfr. cap. 4, « Tartaglia tra numeri e battaglie ».
** Cfr. cap. 2, « Pacioli, arte e matematica per diletto ».

3. Incontri tra vetture

Ogni minuto dal centro di una città parte una vettura che va alla stazione in 7 minuti e poi ritorna. Una vettura che va dal centro alla stazione quante vetture incontrerà?

4. I capelli in testa

Si stima che la superficie del capo umano portante capelli è di 775 cm^2 e che ogni cm^2 contiene al massimo 165 capelli. Dimostrare che in una città di 150.000 abitanti vi sono due persone che hanno lo stesso numero di capelli.

5. La vendita delle pere

Una fruttivendola vende 30 pere a 3 per un soldo e poi 30 pere a 2 al soldo. Un'altra vende 60 pere a 5 per 2 soldi. Chi ha incassato di più?*

6. Un letto per i viaggiatori

Una comitiva di 7 viaggiatori si presenta in un albergo e chiede un letto per ogni viaggiatore. L'oste risponde: ho solo sei letti, contrassegnati con le lettere A, B, C, D, E, F. Ma guarderò di aggiustarvi. Perciò destinò due viaggiatori a dormire nel letto A, poi uno nel letto B, e fa tre; poi uno in C, e conta quattro; poi uno in D, e conta cinque; poi uno in E, e conta sei; poi prende uno di quelli che erano in A e lo conduce in F, e conta sette. Così i 7 viaggiatori dormono in 6 letti, uno per letto.

Come ha fatto?

* Si tenga presente che la moneta da un soldo, dopo l'Unità d'Italia non venne più coniata; ma il termine rimase in uso, ancora dopo la seconda guerra mondiale, per indicare la moneta da 5 centesimi. Quindi, 20 soldi valevano una lira.

7. Sconti e aumenti del negoziante

Un negoziante aumenta del 20 per cento i prezzi segnati sulle sue merci; poi mediante un avviso dice di concedere ai suoi avventori lo sconto del 20 per cento sui prezzi segnati. Quale sconto egli fece sui prezzi primitivi?

8. Perdita o vincita al gioco

Pietro, che possiede 1024 lire, si mette a giocare alla pari, cioè, se vince, guadagna una somma pari alla puntata.

Egli gioca 10 partite e punta sempre la metà del denaro che possiede. Alla fine egli ha vinto 5 partite e ne ha perdute 5. Avrà guadagnato?

9. Le quattro parti di 100

Dividere il numero 100 in quattro parti, in modo che la prima più 4 eguagli la seconda meno 4, e la terza moltiplicata per 4, e la quarta divisa per 4.

Peano, in una parte del libro intitolata «Operazioni curiose», presenta alcune operazioni con caratteristiche particolari. Vi invitiamo a proseguire questa ricerca.

10. Moltiplicazioni curiose

$1 \times 1 = 1$

$11 \times 11 = 121$

$111 \times 111 = 12321$

$1111 \times 1111 = 1234321$

$11111 \times 11111 = 123454321$

Ibn Albanna, matematico arabo che visse in Marocco verso il 1200, pubblicò queste moltiplicazioni curiose, e le seguenti.

$1\times9+2=11$

$12\times9+3=111$

$123\times9+4=1111$

$1234\times9+5=11111$

$12345\times9+6=111111$

$123456\times9+7=1111111$

$1234567\times9+8=11111111$

$12345678\times9+9=111111111$

$1\times8+1=9$

$12\times8+2=98$

$123\times8+3=987$

$1234\times8+4=9876$

$12345\times8+5=98765$

$123456\times8+6=987654$

$1234567\times8+7=9876543$

$12345678\times8+8=98765432$

$123456789\times8+9=987654321$

$9\times9+7=88$

$9\times98+6=888$

$9\times987+5=8888$

$9\times9876+4=88888$

$9\times98765+3=888888$

$9\times987654+2=8888888$

$9\times9876543+1=88888888$

$9\times98765432+0=888888888$

11. Numeri sferici

Teone di Smirne, che visse tra il I e il II secolo dopo Cristo, Severino Boezio, morto nel 525, e altri chiamano numeri sferici i numeri i cui quadrati terminano con le stesse cifre. Esempi:

$5^2 = 25$
$6^2 = 36$
$25^2 = 625$
$76^2 = 5776$
$625^2 = 390625$
$376^2 = 141376$
$90625^2 = 8212890625$
$9376^2 = 87909376$

12. Numeri ciclici

Il numero 142857 moltiplicato per 2, 3, 4, 5, 6, dà i prodotti 285114, 428571, 571428, 714285, 857142 contenenti le stesse cifre, permutate in ordine circolare. Esso moltiplicato 7 vale 999999.

I numeri ciclici sono anche detti «numeri della Fenice» perché si riproducono per moltiplicazione, come la favolosa araba fenice. Queste cifre sono il periodo di 1/19 sviluppato in frazione decimale.

In generale, i numeri ciclici si ottengono da $(10n - 1)/n$ attribuendo a n i valori 7, 17, 19, 23, 29, 47, 59, 61, 97, 109, 130, 149... Qui si può vedere un teorema di Fermat, o lo sviluppo d'una frazione ordinaria in frazione decimale periodica.

13. Un primo passo in Algebra

Il Maestro, e i piccoli allievi Pietro e Paolo.

MAESTRO: Pietro, pensa un numero.
PIETRO: Pensato.

MAESTRO: Aggiungi uno.
PIETRO: Aggiunto.
MAESTRO: Quanto hai trovato?
PIETRO: Sei.
MAESTRO: Tu Paolo, indovina il numero pensato da Pietro.
PAOLO: $6 - 1 = 5$, tale è il numero pensato.
MAESTRO: Bravo Paolo, hai fatto un primo passo in algebra.

14. Un lungo passo in algebra

MAESTRO: Paolo, pensa un numero, raddoppialo, aggiungi 3, dicci il risultato, e tu Pietro indovina il numero pensato.
PAOLO: 15.
PIETRO: $(15 - 3) / 2 = 6$.
MAESTRO: Bravo Pietro, hai fatto un lungo passo nell'algebra.

15. Differenza costante

Scrivi un numero di tre cifre, decrescenti di 1 per volta; capovolgi; fai la differenza fra i due numeri.

Avrai 198.

Esempio: $987 - 789 = 198$.

Lasciamo la spiegazione generale del problema al lettore... esperto in algebra.

16. Fratelli e sorelle

Antonio dice a sua sorella Maria: io ho tanti fratelli quante sorelle. Maria risponde: io ho due volte più fratelli che sorelle. Quanti figli e quante figlie in quella famiglia?

17. Gioco a 2

Di due persone, una dice un numero da 1 a 10, l'altra aggiunge un numero sempre da 1 a 10, la prima aggiunge un numero fra gli stessi limiti, e così via. Chi prima arriva a dire 100, vince. Come si può fare per vincere?

18. 100 in pezzi

Dividere il numero 100 in quattro parti, in modo che la prima più 4 eguagli la seconda meno 4, eguagli la terza moltiplicata per 4 e la quarta divisa per 4.

19. Il giro del mondo in piedi

Una persona fa il giro del mondo, sempre in piedi. Di quanto il cammino della testa supera il cammino dci piedi?

20. Pensa un numero

Pensa un numero tra 1 e 10, moltiplica per 3, aggiungi uno dei numeri 1, 2, 3, ad arbitrio; moltiplica per 3, aggiungi il numero pensato. Cosa hai trovato?

Ultima parte del libro sono i «Problemi pratici», che Peano presenta con questa avvertenza:

«Lo scopo della matematica è di risolvere i problemi numerici che si incontrano nella vita pratica. Questi problemi interessano gli allievi molto più che i calcoli su numeri astratti, o su lettere, dei quali calcoli gli allievi non veggono alcuna applicazione, perché spesso non ne hanno».

21. Viaggi in treno

Da Torino a Milano in ferrovia sonvi chilometri 150, e da Milano a Venezia chilometri 265. Quanti in tutto?

Peano ci chiede come debba essere scritta la risposta.

22. La lampada elettrica

Per tenere accesa una lampada elettrica, detta di 50 candele, occorre la potenza 75 watt/ora. La lampada rimanga accesa per 2 ore al giorno per 30 giorni, cioè per 60 ore. Quale sarà l'energia consumata?

23. L'età del capitano

Data l'altezza dell'albero maestro di una nave, trovare l'età del capitano.

3. Leggere il calendario

Peano introduce un capitolo del suo libro dedicato al calcolo di date relative al calendario, con questa osservazione:

« Le questioni sul calendario, quale il giorno della settimana corrispondente a una data, l'età della Luna, il giorno di Pasqua, costituiscono utili e interessanti esercizi di aritmetica elementare ».

Presentiamo il calcolo del giorno della settimana corrispondente a una certa data, però nella versione più semplice di John Conway.*

Doomsday e la memoria in gioco

Conway, uno dei più grandi matematici viventi, si vanta di ricordare le prime mille cifre del π greco a memoria, inoltre conosce la posizione delle stelle per ogni giorno dell'anno, ma per stupire i suoi ospiti la prima domanda che fa, inevitabilmente, è sempre questa: « Quando sei nato? » E con un calcolo, eseguito in pochi secondi, annuncia trionfante a quale giorno della settimana corrisponde la data indicata. Per questo calcolo Conway ha creato un curioso e veloce algoritmo, facile da applicare.

Vediamo il suo metodo, limitandoci dapprima al calcolo per il XX secolo. Ci sono delle date per ogni mese dell'anno che cadono sempre nello stesso giorno, date che Conway ha battezzato *Doomsday*, ovvero « il giorno del Giudizio », specifico di ogni an-

* Federico Peiretti, *op. cit.*, cap. 18, « John Horton Conway, il mago dei numeri ».

no. Inoltre esiste un altro *Doomsday* specifico per ogni secolo che, nel caso del XX secolo è il *mercoledì*.

Il segreto del metodo di Conway sta proprio nel ricordare queste date, collegate al giorno fisso della settimana. Alcune si ricordano facilmente: 4/4, 6/6, 8/8, 10/10, 12/12, sono tutti mesi pari, per i mesi dispari invece le date sono 9/5, 5/9, 11/7 e 7/11. Si osservi che la differenza fra il giorno e il mese è costante e sempre uguale a 4:

$$9 - 5 = 4, 11 - 7 = 4.$$

Per marzo il *Doomsday* è 0/3, ovvero il giorno zero di marzo, che non esiste, ma sarà il giorno prima del primo marzo, cioè l'ultimo giorno di febbraio. Un po' più difficili da ricordare sono le date di gennaio e febbraio, diverse per gli anni ordinari e per quelli bisestili. Per gli anni ordinari sono 0/2, cioè l'ultimo giorno di gennaio, e 3/1, mentre per gli anni bisestili sono 4/1 e 1/2.

Riportiamo in tabella le date indicate per il *Doomsday* di ogni mese.

Anni ordinari

3/1	0/2	0/3	4/4	9/5	6/6	11/7	8/8	5/9	10/10	7/11	12/12

Anni bisestili

4/1	1/2	0/3	4/4	9/5	6/6	11/7	8/8	5/9	10/10	7/11	12/12

Vediamo ora come si calcola il *Doomsday* di ogni anno del XX secolo, indicando l'anno con 19*du*, dove *du* indica le ultime due cifre dell'anno che ci interessa. Si devono svolgere i seguenti calcoli:

- dividere *du* per 12. Poniamo Q il quoziente e R il resto ottenuto in tal modo;

- dividere il resto ottenuto per 4: sia S = R/4;
- sommare Q, R e S. Indichiamo con T il risultato, Q + R + S;
- contare T giorni dal *Doomsday* del secolo, cioè in questo caso dal *mercoledì*, e quello che si ottiene è il *Doomsday* dell'anno.

Per trovare il giorno di una data qualsiasi è sufficiente, a questo punto, prendere come riferimento la data del Doomsday più vicina, trovando poi facilmente il giorno corrispondente alla data indicata.

Un esempio chiarirà meglio l'algoritmo. Vediamo in che giorno della settimana il primo uomo, Neil Armstrong, mise il piede sulla Luna. Era il 20 luglio 1969.

Procediamo come indicato. Il numero delle ultime due cifre dell'anno, *du*, è 69, che dobbiamo dividere per 12:

$$69 : 12 = 5. \text{ Quindi } Q = 5 \text{ e } R = 9 \text{ e } S = 2$$

$$T = Q + R + S = 5 + 9 + 2 = 16$$

Contiamo 16 giorni dopo il *Doomsday* del secolo, cioè il *mercoledì*, e abbiamo il *Doomsday* dell'anno 1969: *venerdì*. A questo punto sappiamo che 11/7, 18/7 e 25/7 erano di venerdì e quindi il primo uomo ha messo piede sulla Luna di domenica.

Riportiamo ora in tabella il *Doomsday* degli altri secoli, con il limite però del calendario gregoriano, il nostro calendario attuale introdotto nel 1582, ma soltanto nel 1752 nei Paesi di lingua inglese e nel 1919 in Russia.

Per il calendario precedentemente in uso, quello giuliano, dovremo fare un discorso a parte.

Doomsday del secolo	
15*du* – 19*du* – 23*du* – 27*du* ...	mercoledì
16*du* – 20*du* – 24*du* – 28*du* ...	martedì
17*du* – 21*du* – 25*du* – 29*du* ...	domenica
18*du* – 22*du* – 26*du* – 30*du* ...	venerdì

Il *Doomsday del secolo* si ripete ogni quattro secoli. È infatti identico nel 15*du*, nel 19*du*, nel 23*du* ecc.

Ad esempio, calcoliamo il giorno della settimana in cui avvenne la presa della Bastiglia. La data è il 14 luglio 1789.

Prendiamo *du*, il numero delle ultime due cifre dell'anno, e dividiamolo per 12: 89/12 = 7; Q = 7, R = 5, S = 1.

Quindi Q + R + S = 7 + 5 + 1 = 13.

Contiamo ora 13 giorni a partire dalla *domenica* che è il *Doomsday* degli anni 17*du* e otteniamo *sabato*, che è il *Doomsday* del 1789. Ora, nel luglio del 1789, era sabato l'11, il 18 e il 25. Il 14 luglio cadde quindi di martedì.

Resta ancora, come dicevamo, la determinazione del giorno per le date più antiche, quelle riferite al calendario giuliano, introdotto da Giulio Cesare circa duemila anni fa. **A1**

4. La curva di Peano

È una curva importante quella di Peano, tanto che la città di Cuneo le ha dedicato un monumento. Era la curva che Peano aveva disegnato sul suo terrazzo, con piastrelle bianche e nere. La faceva vedere con orgoglio agli studenti, classi intere, accompagnate dai loro insegnanti, che salivano su, alla sua casa di Cavoretto, sulla collina torinese. Indicava il disegno sul pavimento dicendo: «Questo è il mio mondo».

Le piastrelle bianche e nere del pavimento disegnavano una curva simile a quella della figura d) di p. 195: la *Curva di Peano*, che egli aveva descritto in un articolo del 1890.

Per capire di che cosa si tratti ed evidenziare l'importanza di questa curva, partiamo da un gioco molto semplice, comprensibile anche a un ragazzo delle elementari.

Dato un quadrato, dividiamolo in nove quadratini uguali e tracciamo una linea che passi per tutti e nove i quadratini. Possiamo immaginare un topolino che entra dall'apertura di sinistra ed esce dall'apertura di destra.

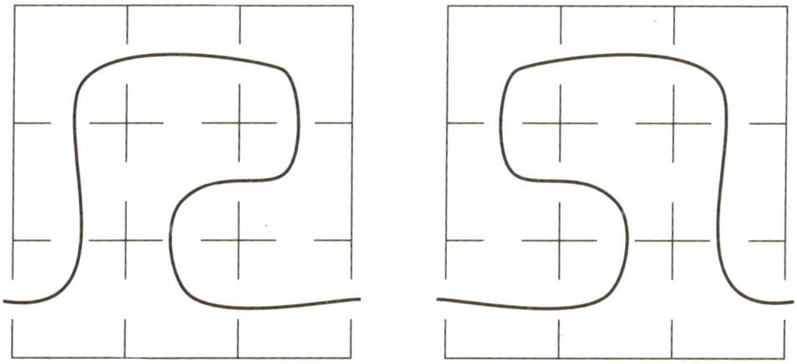

Due possibili percorsi, simmetrici, del topolino sui nove quadratini

Proseguiamo con questo gioco, con riferimento alla figura della pagina seguente, e dato sempre un quadrato iniziale, dividiamolo in quattro quadrati uguali e tracciamo una linea che indichi il percorso da A a B. Dividiamo poi ognuno dei quattro quadrati ancora in quattro quadrati uguali più piccoli e tracciamo il nuovo percorso attraverso i 16 quadrati (figura 2 a pagina seguente). Immaginiamo di proseguire suddividendo dapprima ognuno dei 16 quadrati in quattro quadrati, e di tracciare una linea che attraversi tutti e 64 i quadrati così ottenuti. Una nuova suddivisione ci porterebbe a 256 miniquadrati, 1024, 4096, 16.384, 65.536, ... al limite possiamo immaginare che i quadratini, ottenuti da una suddivisione che prosegua all'infinito, diventino punti e che la linea passi quindi per tutti i punti del quadrato. Una linea a una dimensione, che possiamo immaginare come un segmento attorcigliato che possiamo anche distendere, avrebbe quindi lo stesso numero di punti di un quadrato, una figura a due dimensioni.

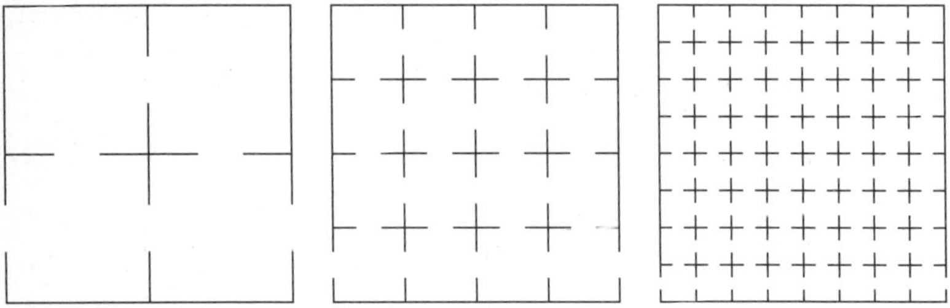

1) 2) 3)

Si provi a tracciare una linea che indichi il percorso attraverso tutti i quadratini ottenuti dalle successive suddivisioni, secondo le indicazioni precedenti

Se aumenta il numero dei quadratini il disegno risulta sempre più difficile da realizzare, ma se riusciamo a immaginare un procedimento di questo genere abbiamo capito cos'è la *Curva di Peano.*

La sua scoperta sorprendente sconvolge il concetto usuale di dimensione:

- un segmento ha una dimensione;
- un quadrato ha due dimensioni;
- un cubo ha tre dimensioni.

Peano aveva scoperto la prima figura frattale. I frattali, che possono avere dimensioni di 1,7 o 2,8 o qualsiasi altro valore intermedio, aprono un mondo magico, fra arte e matematica, tutto da scoprire. E introducono l'idea rivoluzionaria di dimensione frazionaria, un'idea che impegnò i matematici in una lunga e appassionante ricerca.

Sono infinite le immagini di questo tipo, ma noi ci fermiamo qui, ricordando soltanto la più celebre delle curve immaginate da Peano e tracciata da David Hilbert partendo proprio dagli studi di Peano – figura d) nella pagina a fronte.

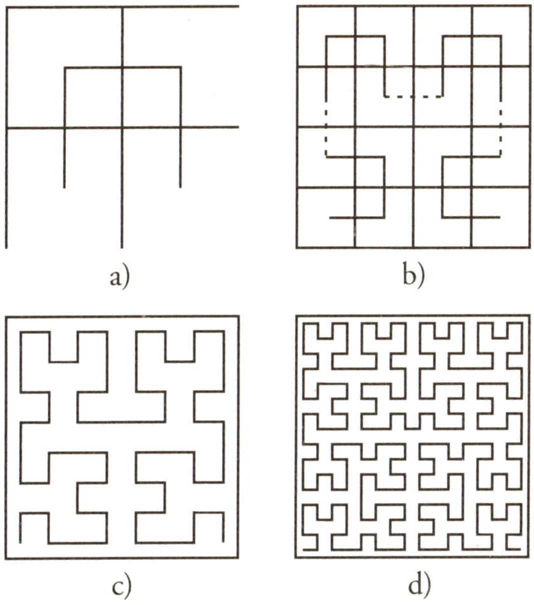

Dalle figure di questa successione nasce il disegno che Peano aveva riportato sul suo terrazzo. Disegno che purtroppo è scomparso, perché nessuno ha pensato a un suo restauro e i proprietari della villa succeduti a Peano lo hanno distrutto, sostituendolo con un nuovo pavimento, per loro... meno « astruso ».

5. Risposte

1. I soldati in fila

3×13 metri.

2. Piroscafi in viaggio

B precede A di 50 ore.

3. Incontri tra vetture

13 (e non 7 né 14), poiché 14 sono le vetture che fanno servizio, e una di esse incontra le altre 13.

4. I capelli in testa

Il massimo numero di capelli che può avere una persona è $775 \times 165 = 123.875$, inferiore a 150.000.

5. La vendita delle pere

Ha incassato di più la prima, la quale guadagnò 25 soldi, mentre la seconda ne incassò 24.

6. Un letto per i viaggiatori

Chi fa il gioco rappresenta i letti con sei carte, e procede rapido, onde l'uditore non si accorga che un viaggiatore è stato contato due volte.

7. Sconti e aumenti del negoziante

Il 4 per cento.

8. Perdita o vincita al gioco

Egli ha perduto 781 lire, oltre il tempo.

9. Le quattro parti di 100

$100 = 12 + 20 + 4 + 64$

$12 + 4 = 16$

$20 - 4 = 16$

$4 \times 4 = 16$

$64 / 4 = 16$

16. Fratelli e sorelle

4 maschi e 3 femmine.

17. Gioco a 2

Chi primo dice 89, potrà al colpo successivo dire 100; e per essere certi di dire 89, basta dire [*sono necessari due turni: più 10 e più 1*]: 78, 67, 56, 45, 34, 23, 12, 1.

18. 100 in pezzi

$100 = 12 + 20 + 4 + 64$

Infatti:

$12 + 4 = 16$

$20 - 4 = 16$

$4 \times 4 = 16$

$64 : 4 = 16$

19. Il giro del mondo in piedi

Della circonferenza di raggio l'altezza della persona.

20. Pensa un numero

Se r è il risultato, r / 10 è il numero pensato.
Senza tener conto degli eventuali decimali.

21. Viaggi in treno

SOLUZIONE 1. km 150 + km 265 = km 415.

Si opera sulle grandezze, e il risultato è la risposta.

SOLUZIONE 2. 150 + 265 = 415; sonvi 415 km.

Si opera su numeri, e si risponde con una grandezza.

SOLUZIONE 3. 150 + 265 = 415 km.

Questa ultima scrittura è diffusissima nei libri di matematica applicata a computisteria, ingegneria, fisica, ecc. Ma i matematici puri la dicono falsa, perché il numero astratto 150 + 265 non può essere eguale alla grandezza, o numero concreto 415 chilometri.

Coloro che usano la scrittura 3, la interpretano

$$(150 + 265 = 415)\ \text{km}.$$

22. La lampada elettrica

Per avere l'energia consumata dalla lampada, moltiplico i watt per le ore, e ottengo

$$75\ \text{watt} \times 60\ \text{ore} = 4.500\ \text{watt/ora} = 45\ \text{ettowatt/ora}$$

23. L'età del capitano

Questo problema sembra quasi una provocazione di Peano contro i problemi più banali posti nei libri di testo. Ecco il suo commento: « È questo un celebre esempio di problema dato come insolubile. Il filosofo-matematico francese Jules Richard (1862-1956), docente di liceo, autore di varie ricerche di matematica e di logica matematica, se ne occupò nel 1920. Il problema si risolve sapendo che quella nave si trovava presso Genova; alla capitaneria di porto trovasi la descrizione delle navi che frequentano il porto. Da questo registro deduciamo il nome della nave; in altro registro leggiamo il nome del capitano e dall'ufficio di anagrafe ricaviamo la sua età.

« Quasi tutti i problemi che si presentano in pratica sono della natura di questo ».

Appendice

A1

Per trovare il calcolo del giorno secondo il calendario giuliano, ci limitiamo alla regola pratica. Dobbiamo modificare il calcolo del *Doomsday* del secolo, visto per il calendario gregoriano, tenendo presente il conto diverso degli anni bisestili.

Per gli anni *mcdu* del calendario giuliano, dobbiamo sottrarre al risultato del solito calcolo, Q + R + S, tanti giorni quanti corrispondono al numero formato dalle cifre delle migliaia e delle centinaia, *mc*. Il risultato ottenuto ci dirà quanti giorni dobbiamo contare, a partire dalla domenica, per ottenere il nuovo *Doomsday*.

Ad esempio, il *Doomsday* giuliano del 1582 si calcola nel modo seguente:

$$82/12 = 6; Q = 6, R = 10 \text{ e } S = 2. Q + R + S = 18, 18 - 15 = 3.$$

Se partiamo dalla domenica e aggiungiamo 3 giorni, otteniamo mercoledì, il *Doomsday* cercato. Se l'ultimo giorno del calendario giuliano, prima della riforma, è stato il 4 ottobre 1582 e inoltre dai nostri calcoli risulta che era mercoledì, il 10 ottobre, e quindi anche il 3 ottobre, ne deduciamo che il 4 ottobre era un giovedì.

Il giorno seguente, il 15 ottobre 1582, era il primo giorno del nuovo calendario gregoriano, per il quale sappiamo che il *Doomsday* degli anni 15*du* era mercoledì. Aggiungiamo quindi 18 giorni (il numero che abbiamo appena calcolato) al mercoledì e otteniamo il *Doomsday* del 1582: domenica. Quindi il 10 ottobre era di domenica e il 15 ottobre cadde quindi di venerdì.

Abbiamo così scoperto che, per una curiosa coincidenza, al giovedì 4 ottobre 1582 del calendario giuliano seguì il venerdì 15 ottobre 1582 del calendario gregoriano. La maggior parte delle persone trovò quindi logico che al giovedì seguisse il venerdì, ma un po' meno chiaro risultò sicuramente la scomparsa di dieci giorni, il salto dal 4 al 15 ottobre. Dieci giorni rubati, per i quali ci furono molte proteste.

Per saperne di più

Giuseppe Peano, *Giochi di aritmetica e problemi interessanti*, Sansoni, Firenze, 1983.

Giuseppe Peano, *Calcolo geometrico*, Aragno, Torino, 2010.

Ludovico Geymonat, *Peano e le sorti della logica in Italia*, Zanichelli, Bologna, 1959.

Hubert C. Kennedy, *Peano, storia di un matematico*, Bollati Boringhieri, Torino, 1983.

Peano e la sua scuola. Fra matematica, logica e interlingua. Atti del Congresso internazionale di studi (Torino, 6-7 ottobre 2008), a cura di Clara Silvia Roero, Deputazione Subalpina Storia Patria, Torino, 2010.

Un ampio saggio di Piergiorgio Odifreddi su Peano:
http://www.vialattea.net/odifreddi/bio/peano.htm

La scheda della Wikipedia:
http://it.wikipedia.org/wiki/Giuseppe_Peano

I giochi di Peano:
http://utenti.quipo.it/base5/peano/giocaritmetica.htm

http://www.archimedes-lab.org/atelier.html?http://www.archimedes-lab.org/earlymathpuzzlers/peano_giochi.html

« Per una storia dei Giochi », la pagina dedicata a Peano:
http://matematica.uni-bocconi.it/peano/peano1.htm

La curva di Peano:
http://www.vialattea.net/esperti/mat/peano/

La biografia della University of St. Andrews:
http://www-gap.dcs.st-and.ac.uk/~history/Biographies/Peano.html

9
PUNTO E LINEA TRA ARTE E MATEMATICA

Il punto geometrico è un'entità invisibile. Pensato materialmente equivale a uno zero. Ma in questo zero si nascondono diverse proprietà, che sono « umane ».

Vasilij Kandinskij

1. Punti e linee per i matematici

È difficile parlare di punti e di linee in matematica, molto difficile spiegare che cosa siano. Ci provò Euclide, il grande matematico greco, che diede tre definizioni:

Punto *è ciò che non ha parti.*
Linea *è lunghezza senza larghezza.*
Superficie *è ciò che ha soltanto lunghezza e larghezza.*

Ma queste sono definizioni che in realtà non definiscono nulla, e che cercano un significato ricorrendo al mondo fisico. « Come affermazioni poetiche – scrive Piergiorgio Odifreddi – vanno più che bene, ma matematicamente non definiscono nulla. »*

Cos'è un punto? Forse quell'aereo lontano che lascia una « linea », una scia di condensazione alle sue spalle, quella nave che sta arrivando nel porto, oppure quel puntino che indica una città su una carta geografica?

Un punto può essere qualsiasi cosa, anche una stella, di cui non ci interessino le dimensioni ma, ad esempio, la sua posizione.

Il matematico tedesco David Hilbert, all'inizio del Novecento, affermò che al posto di punto, linea e superficie avrebbe potuto

* Piergiorgio Odifreddi, *C'è spazio per tutti*, Mondadori, Milano, 2010.

usare altre parole, ad esempio « tavolo », « sedia » o « boccale di birra », come punto di partenza per una nuova geometria. È una provocazione naturalmente, matematicamente corretta però.

Solo al di fuori della matematica tutti abbiamo un'idea precisa di che cosa sia un punto. Ad esempio, secondo la definizione più generale del Dizionario Treccani:

« Segno grafico consistente in una macchiolina di dimensioni piccolissime »... Ma piccolo quanto? si chiede il matematico. E continua con diverse altre definizioni, come la seguente: « Nell'uso comune si dice di qualsiasi oggetto che appaia piccolissimo ».

Matematicamente, il punto sembra indefinibile, inafferrabile. Esiste soltanto finché non tentiamo di rappresentarlo, di renderlo concreto, « materiale ». Nel momento in cui tracciamo un punto su un foglio di carta, questo risulta un cerchio, più o meno regolare, in ogni caso una figura che avendo una dimensione, anzi due, non è certo un punto, figura senza dimensioni. Anche piccolissimo, osserviamolo con una lente: è sempre un cerchio. Come abbiamo detto, un punto nella realtà non esiste e quindi neanche la retta o la superficie. Sono oggetti astratti del nostro pensiero.

Come possiamo procedere dunque? Diamo per scontato che la geometria parta da alcune affermazioni che non vengono definite, ma che hanno una certa evidenza intuitiva, sono gli *assiomi* o *postulati*, dai quali partiamo per costruire la nostra geometria.

Riprendiamo, per curiosità, le definizioni di « punto » riportate da alcuni fra i testi più diffusi nella scuola dell'obbligo:

- in geometria il **punto** è la cosa più piccola che possa esistere. Il **punto** non ha dimensioni: non è largo, non è lungo, non è alto;
- il **punto** è un ente geometrico fondamentale, ovvero di esso non viene data nessuna definizione. Per avere un'idea di cosa sia un **punto** possiamo prendere un foglio di carta e appoggiarci sopra la punta di una matita: la traccia che vediamo sul foglio è un **punto**;
- il **punto** è privo di dimensioni: esso sta semplicemente a indicare una posizione. L'insieme dei **punti** esistenti costituisce lo spazio.

Se ci siamo soffermati su queste prime idee della geometria è soltanto per mettere in guardia lo studente che a scuola si troverà sovente di fronte a definizioni incomprensibili. E dovrà sempre diffidare di qualsiasi definizione «assoluta», pronto a metterla in discussione con il suo insegnante. Non esistono valori assoluti, neanche in matematica.

È il gioco, che ci può preparare ad affrontare qualsiasi problema, quindi anche un teorema, con il necessario spirito critico.

Noi qui ci fermiamo. E come avvio alla geometria, vedremo insieme alcune esperienze artistiche o di gioco, *punto* di partenza per lo studio di questo nuovo mondo di forme e di spazi.

2. Punti e linee per gli artisti

Vasilij Kandinskij è un pittore russo che molti considerano il fondatore della pittura astratta. I suoi quadri sono affascinanti, ci colpiscono per la vivacità e l'armonia delle loro forme e dei loro colori. Gli elementi geometrici hanno una grande importanza nei lavori di Kandinskij. In un suo libro del 1926, *Punto, linea, superficie*, Kandinskij mette in evidenza le affinità tra arte e matematica, alla ricerca di regole scientifiche e matematiche da porre alla base della pittura, simili a quelle che ci sono a sostegno della matematica.

Nel suo libro egli va oltre la pittura e affronta problemi generali dell'attività creativa che riguardano anche la matematica. Ci sono alcune pagine bellissime sul **punto** che ci possono aiutare a capire di che cosa stiamo parlando. Con un suggerimento preciso di Kandinskij: impariamo a usare la fantasia, anche in matematica.

«Il **punto** geometrico è un'entità invisibile. Deve quindi essere definito come un'entità immateriale. Pensato materialmente, il punto equivale a uno zero. Ma in questo zero si nascondono diverse proprietà, che sono 'umane'. Noi ci rappresentiamo questo zero – il punto geometrico – come associato con la massima concisione, cioè con un estremo riserbo, che però parla. In questo modo, nella nostra rappresentazione, il **punto** geometrico è il più alto e assolutamente l'unico legame fra silenzio e parola. E perciò il **punto** geometrico ha trovato la sua forma materiale, in primo luogo, nella scrittura – esso appartiene al linguaggio e significa silenzio, il **punto** è quella pausa, quel silenzio, che separa fra loro le diverse frasi di un testo.

« Il concetto esterno del punto nella pittura è impreciso. Il punto geometrico, invisibile, una volta materializzato, deve avere una sua certa grandezza, che occupa una certa parte della superficie di fondo. Questo è ovvio e sembra, in un primo momento, molto semplice. Ma anche in questo caso semplice ci si urta subito contro imprecisioni che dipendono dallo stato ancora affatto embrionale della teoria dell'arte al giorno d'oggi. »

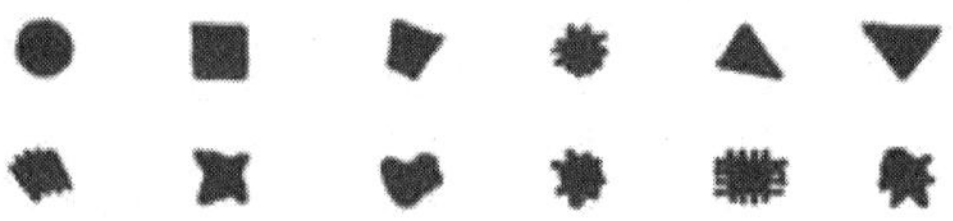

Esempi di forme del punto, secondo Kandinskij

La ricerca sul punto potrebbe proseguire attraverso i lavori di molti altri artisti che ne hanno fatto l'oggetto di studi particolari. Come gli aderenti al movimento del *puntinismo* i quali usavano piccole pennellate, « punti » di colore puro posti con varie sovrapposizioni sulla tela, invece di essere mescolati prima, sulla tavolozza. Il rappresentante più noto è Georges Seurat.

Dopo un attento studio dell'opera che voleva realizzare, la sua tecnica consisteva nel sovrapporre piccoli punti sulla tela, di colori puri o complementari. Osservate da vicino, le sue opere sono soltanto un insieme di punti colorati che solo da una certa distanza acquistano il loro valore di rappresentazione della realtà.

Potremmo andare oltre Kandinskij e la pittura, alla ricerca della bellezza del punto. Ad esempio, il piccolo neo artificiale che alcune ragazze segnano sul loro volto. Come faceva Marilyn Monroe, una delle attrici più belle, la quale proprio per sottolineare la sua bellezza segnava un puntino, un neo, sul suo volto. Il punto come segno di bellezza: senza il punto, era meno bella.

3. Un alfabeto di punti e linee

Dopo i tamburi, i segnali di fumo o i piccioni viaggiatori, la prima grande rivoluzione nella trasmissione di segnali a distanza fu il telegrafo, proposto nel 1835 da Samuel Finley Breese Morse, un pittore statunitense con la passione per la tecnologia.

Prima di lui molti altri avevano avuto idee simili, come il fisico svizzero Georges Lesage, il quale nel suo telegrafo utilizzava un filo diverso per ogni lettera dell'alfabeto. Anche il celebre matematico tedesco Carl Friedrich Gauss realizzò un telegrafo a due fili, ridotto a un solo filo dal suo allievo Carl August von Steinheil. Ma fu Morse il primo a realizzare concretamente una linea telegrafica, inaugurata nel 1844, che collegava Washington a Baltimora. E fu sempre Morse ad avere l'idea dell'alfabeto fatto di linee e punti per la trasmissione dei messaggi: l'alfabeto che porta il suo nome.

A Guglielmo Marconi va invece il merito dell'invenzione del telegrafo senza fili. Nel 1901, alla stazione di St. John's sull'isola di Terranova, Marconi riceve i tre punti della lettera « S » trasmessi da una stazione radio in Cornovaglia. Il segnale percorse con successo una distanza di 3400 chilometri e il *New York Times* parlò dell'esperimento di Marconi come della più straordinaria conquista scientifica dell'epoca.

A	.-	M	--	Y	-.--	6	-....
B	-...	N	-.	Z	--..	7	--...
C	-.-.	O	---	Ä	.-.-	8	---..
D	-..	P	.--.	Ö	---.	9	----.
E	.	Q	--.-	Ü	..--	.	.-.-.-
F	..-.	R	.-.	Ch	----	,	--..--
G	--.	S	...	0	-----	?	..--..
H	....	T	-	1	.----	!	..--.
I	..	U	..-	2	..---	:	---...
J	.---	V	...-	3	...--	“	.-..-.
K	-.-	W	.--	4	....-	‘	.----.
L	.-..	X	-..-	5	.....	=	-...-

L'alfabeto Morse, nell'epoca del digitale, non ha più l'importanza di un tempo, ma conserva ugualmente un grande fascino e viene ancora utilizzato per la facilità con cui si può trasmettere un messaggio, ad esempio attraverso segnali luminosi brevi o lunghi. Si possono utilizzare bandierine iniziando la trasmissione con la posizione di riposo: bandierine abbassate, lungo le gambe. Per il punto si deve alzare un braccio, a gomito completamente disteso, fino al livello delle spalle, quindi in orizzontale. Per la linea si alzeranno entrambe le braccia. Si può anche utilizzare semplicemente un fischietto, suono breve o suono lungo rispettivamente per il punto o per la linea.

Vediamo gli elementi principale dell'alfabeto Morse, che seguono queste semplici regole:

1. La lineetta è uguale a tre punti.
2. Lo spazio tra due parti della stessa lettera è uguale a un punto.
3. Lo spazio tra due lettere è uguale a tre punti.
4. Lo spazio tra due parole è uguale a cinque punti.

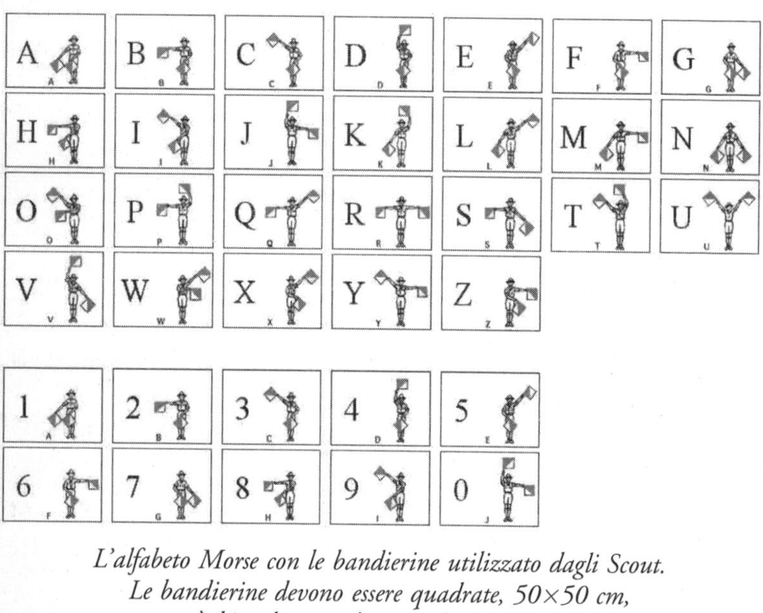

L'alfabeto Morse con le bandierine utilizzato dagli Scout. Le bandierine devono essere quadrate, 50×50 cm, per metà bianche e metà rosse, divise diagonalmente

4. Giochi di punti e linee

Punti e linee, noto anche come *Dots* oppure *Boxes* o *Squares*, è un gioco di « carta e matita » di cui non si conosce bene l'origine, ma il primo a pubblicarlo, nel 1889, è stato Edouard Lucas.* Si gioca in due su una griglia di punti, in genere quadrata. La griglia può essere di 3×3 quadrati, quindi di 9 punti, arrivando a 6×6 quadrati, cioè 36 punti, per i più esperti.

I giocatori inseriscono a turno un segmento orizzontale o verticale che unisca due punti adiacenti.

Quando un giocatore, con un suo segmento, arriva a completare un quadrato unitario, segna un punto a suo favore e inserisce l'iniziale del suo nome all'interno del quadrato che ha completato.

All'inizio del gioco i due giocatori fanno attenzione a non inserire il terzo lato di un quadrato per impedire all'avversario di completarlo. La partita termina quando tutti i quadrati sono stati completati e vince il giocatore che ha ottenuto più punti.

Ci sono due varianti del gioco. La prima, quella più popolare, prevede che il giocatore che ha chiuso un quadrato continui a giocare finché ha dei quadrati da completare, tracciando ancora alla fine una riga che non completa più alcun quadrato. La seconda prevede invece che si conservi l'alternanza tra i giocatori indipendentemente dalla chiusura o meno di un quadrato.

Vediamo un esempio molto semplice di partita su una griglia 3×3, secondo la prima variante. Un giocatore usa linee continue e l'avversario linee tratteggiate.

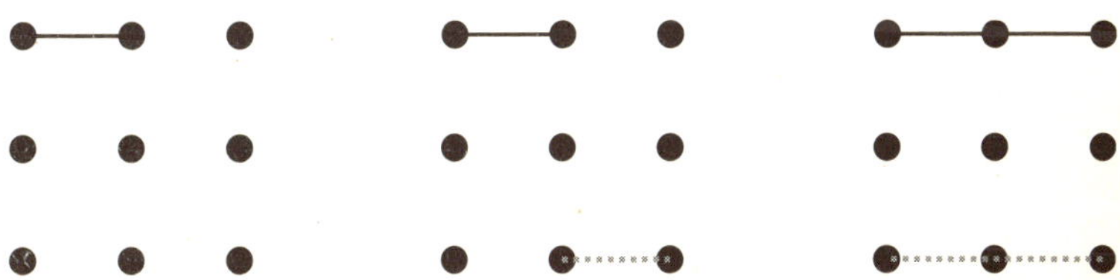

1) 2) 3)

* Federico Peiretti, *op, cit.*, cap. 10, « Edouard Lucas ».

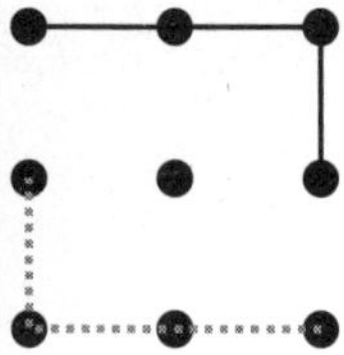

4)

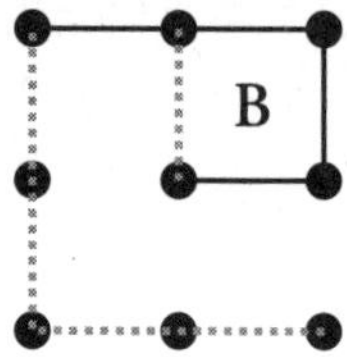

5)

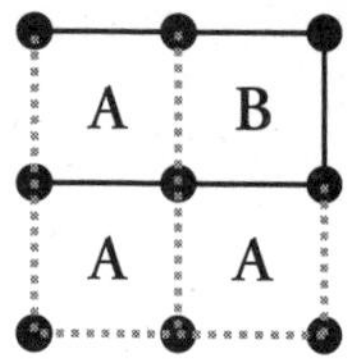

6)

In questa partita il primo giocatore porta l'avversario a chiudere un quadrato (B), riservandosi così una «catena» di quadrati con cui chiude poi la partita.

In generale, un suggerimento per una strategia vincente è di non chiudere subito un quadrato, ma di adottare una strategia di attesa, perché sovente oltre i primi quadrati di possibile chiusura, si aprono catene di quadrati che possono decidere, come in questo caso, le sorti della partita. Un suggerimento per il secondo giocatore: cercare di inserire sempre, quand'è possibile, una mossa simmetrica a quella del primo giocatore, rispetto al centro della griglia.

Un altro gioco divertente di punti e linee si chiama SIM dal nome di chi lo ha inventato, Gustavus J. Simmons, matematico esperto in teoria dei grafi e in crittografia. «Sono sorpreso – scrive Simmons nella sua presentazione del gioco – che questo gioco non abbia ancora sostituito il *Filetto* tra i passatempi degli studenti. Né io né i molti miei colleghi che si sono occupati di questo gioco siamo riusciti a trovare una strategia vincente, e questo aumenta ancora l'interesse per il gioco.»

Si segnino, su un foglio di carta o su una lavagna, sei punti, vertici di un esagono più o meno regolare. Due giocatori, a turno, tracciano poi, ognuno con un colore diverso, ad esempio rosso e blu, oppure con una linea unita e una tratteggiata, un segmento che unisca fra loro una coppia di questi sei punti.

Perde il giocatore che per primo è costretto a chiudere un triangolo con i tre lati del suo colore, un triangolo cioè che abbia i vertici su tre punti dell'esagono (figura a fronte, in alto a destra).

Non contano i triangoli nati incidentalmente dalle intersezioni delle linee tracciate dai giocatori (figura a sinistra).

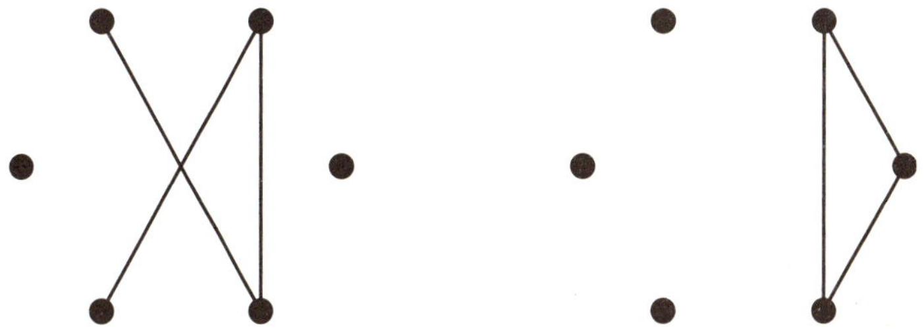

A sinistra un triangolo che non segna la sconfitta del giocatore, a destra un triangolo di sconfitta

Un esempio di partita.

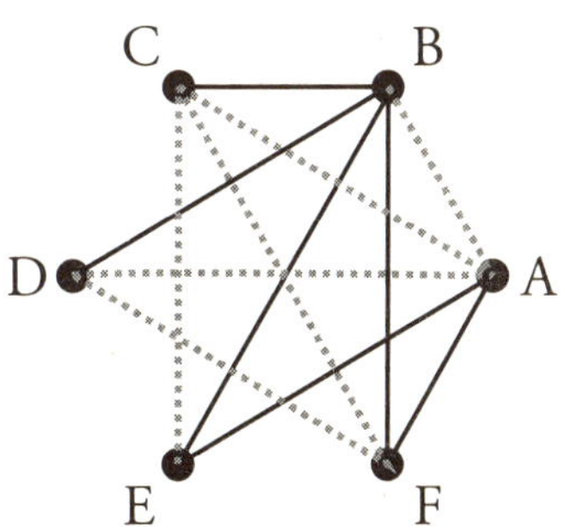

A questo punto del gioco di figura, sia il primo giocatore (linee tratteggiate) che il secondo giocatore (linee continue) hanno fatto sei mosse. Se il primo giocatore sceglie DE, al secondo giocatore non restano che due scelte:

a) la linea EF e perde perché chiude addirittura due triangoli, BEF e AEF.
b) la linea CD e perde perché chiude il triangolo BCD.

In ogni caso ha perso la partita.

Una ricerca al computer ha dimostrato che, giocando in modo

perfetto, il secondo giocatore può sempre vincere, ma la ricerca di una strategia di gioco, che un essere umano sia in grado di memorizzare, è ancora un problema aperto. È stato dimostrato inoltre che il gioco non può mai finire in parità.

5. Problemi divertenti

1. I due segmenti

Questo è un classico delle illusioni ottiche. Qual è il più lungo dei due segmenti?

2. Punti e linee su un quadrato di nove punti

Un altro classico per punti e linee. Nove punti formano un quadrato 3×3. Collegare tutti i punti con 4 segmenti, senza mai staccare la penna dal foglio e senza passare due volte sullo stesso punto, partendo da un punto per arrivare a un punto diverso.

In figura a destra, una soluzione con 5 segmenti.

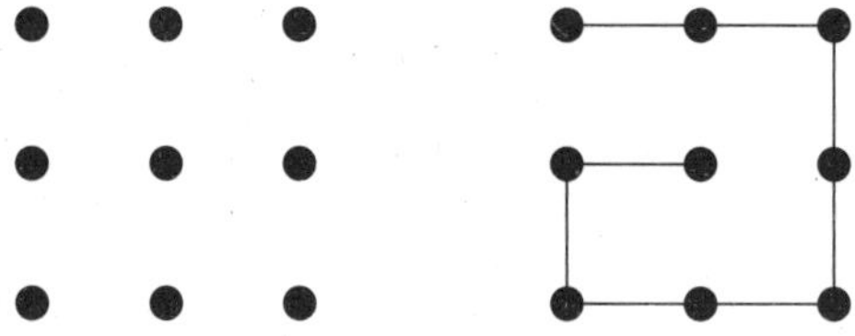

3. Punti e linee sulle stelle

È possibile disegnare una stella a 5 punte senza staccare la penna dal foglio. E una stella a 6 punte? Provare anche con una stella a 7 punte.

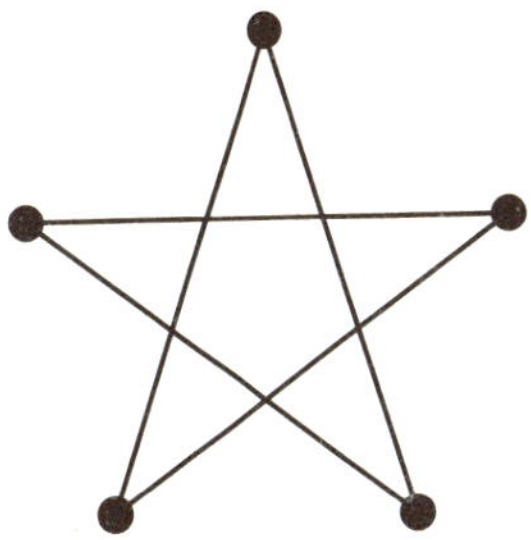

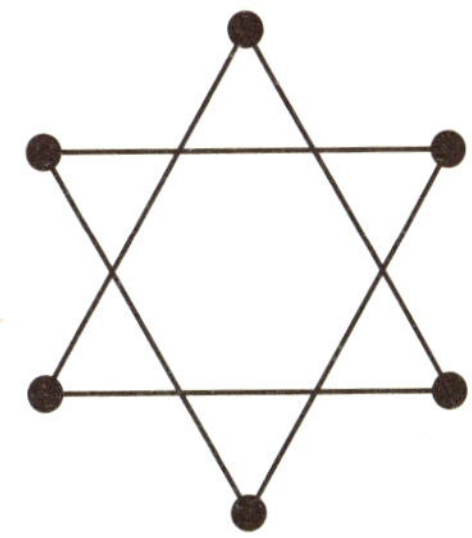

4. Punti e linee su un quadrato di sedici punti

Se avete trovato facilmente la soluzione del problema n. 2, provate con un quadrato di sedici punti. Sono necessari 6 segmenti. Sempre senza staccare la penna dal foglio.

Trovare inoltre la soluzione sempre con 6 segmenti, e con 16 punti, ma con l'ulteriore condizione che questi segmenti formino una *spezzata chiusa*, tale che il punto di partenza e quello di arrivo coincidano.

In figura, un esempio di *spezzata chiusa* sul quadrato 3×3 con 5 segmenti.

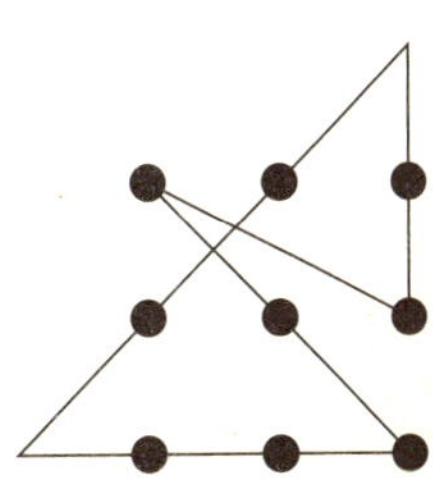

5. Punti e linee su un rettangolo di dodici punti

Trovare l'unica soluzione possibile con una spezzata chiusa di 5 segmenti per il rettangolo 3×4 senza staccare la penna dal foglio.

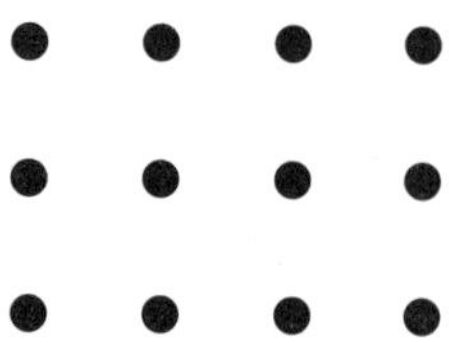

6. Nove punti in fila per tre

Non è difficile sistemare 16 punti, collocati su un quadrato 4×4, in 10 file di 4 punti ciascuna. Ma come sistemare 9 punti sempre su 10 file ognuna con 3 punti, con la possibilità però di spostarli dalla forma a quadrato 3×3?

Collocare inoltre 10 punti su 5 file con 4 punti su ogni fila, e 12 punti su 6 file con 3 punti per fila.

7. Dieci punti in fila per quattro

Collocare 10 punti su 5 file con 4 punti su ogni fila.

8. Dodici punti in fila per quattro

Collocare 12 punti su 6 file con 4 punti per fila.

9. Sedici punti in fila per quattro

Consideriamo ora 16 punti che possiamo collocare come vogliamo, al di fuori della forma a quadrato. In questo caso, com'è possibile sistemare i 16 punti su 15 linee, con 4 punti su ogni linea?

10. Venticinque punti in fila per cinque

Collocare 25 punti su 12 file con 5 punti per fila.

6. Risposte

1. I due segmenti

In realtà i due segmenti sono lunghi uguali.

2. Punti e linee su un quadrato di nove punti

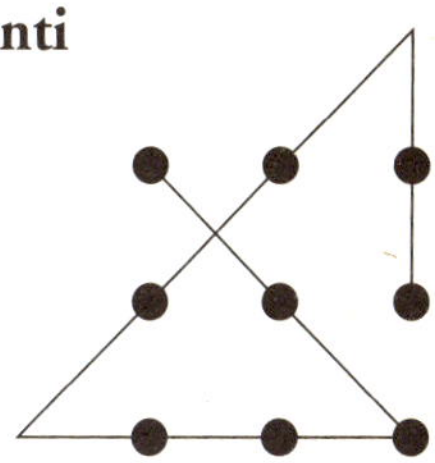

È un problema semplice, ma esemplare del modo in cui si deve sempre affrontare un problema, non solo di matematica. « Uscire dagli schemi più banali » per trovare la soluzione. In questo caso, « uscire » dal quadrato dei 9 punti.

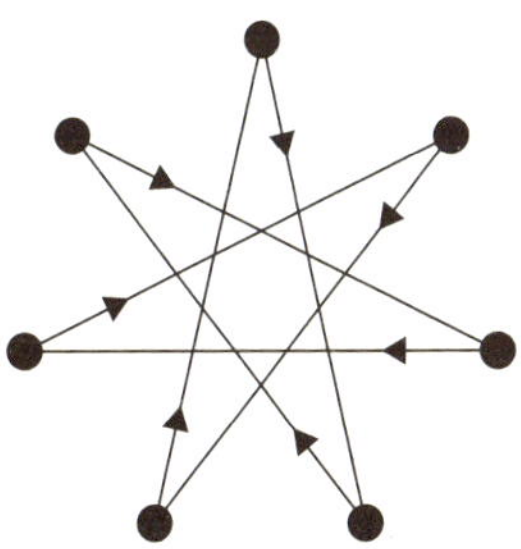

3. Punti e linee sulle stelle

È facile verificare come si possa costruire la stella a 5 punte senza staccare la penna dal foglio, non è possibile con la stella a 6 punte, ma lo è con la stella a 7 punte.

4. Punti e linee su un quadrato di sedici punti

Esistono diverse soluzioni simili a quelle del quadrato 3×3, ma soltanto una soluzione con la *spezzata chiusa*. Riportiamo in figura una soluzione con la *spezzata aperta* e quella con la *spezzata chiusa.*

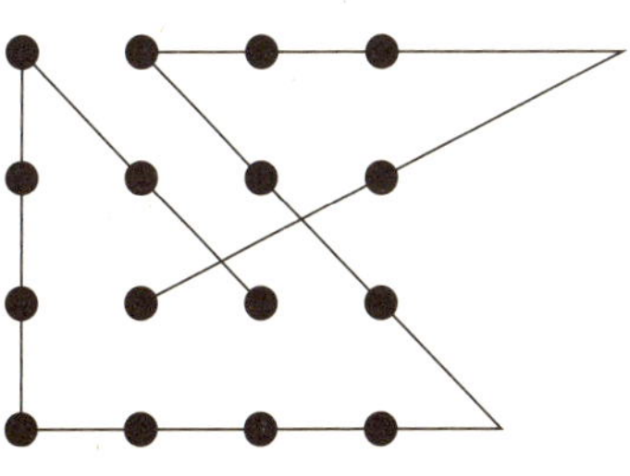

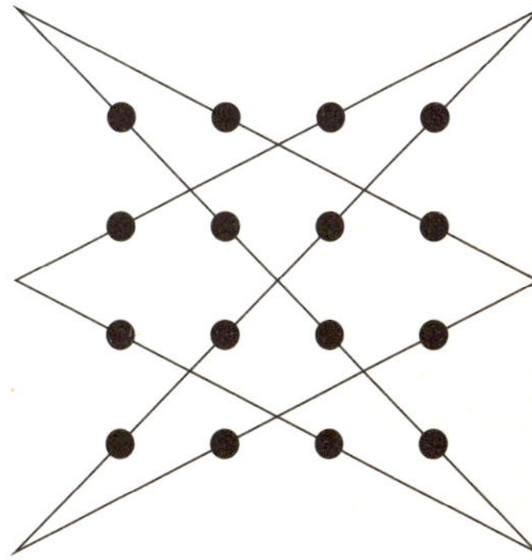

5. Punti e linee su un rettangolo di dodici punti

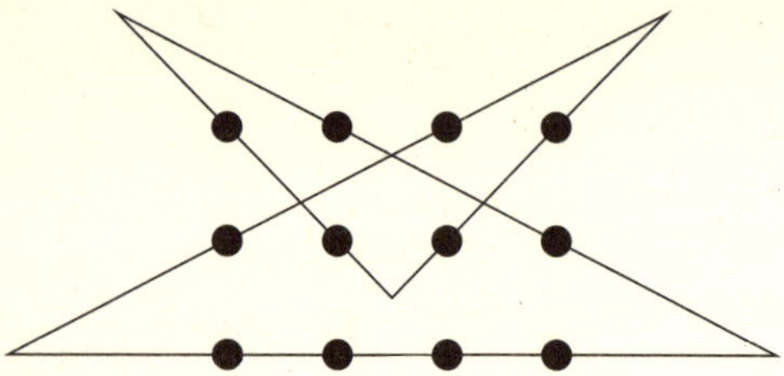

6. Nove punti in fila per tre

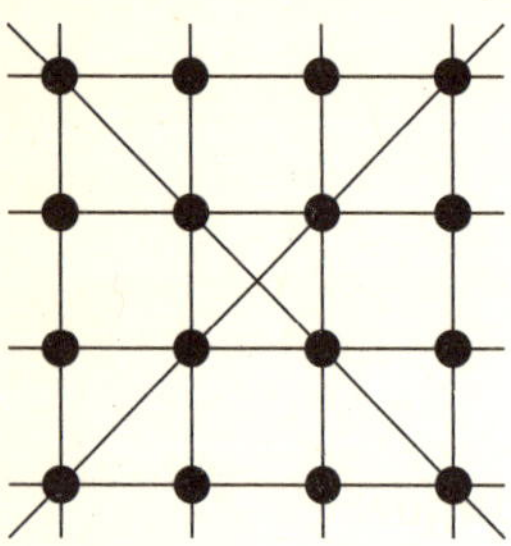

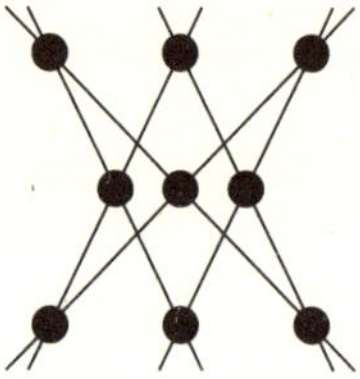

7. Dieci punti in fila per quattro

Si risolve partendo dalla stella a 5 punte.

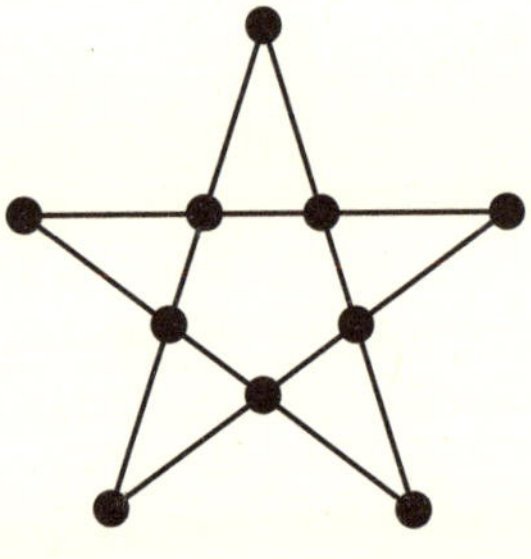

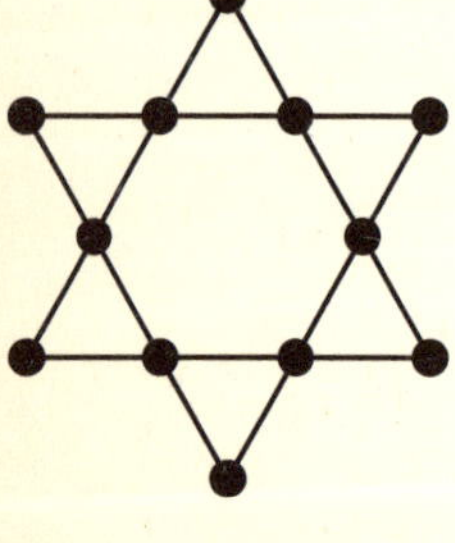

8. Dodici punti in fila per quattro

I punti saranno sui segmenti di una stella a 6 punte.

9. Sedici punti in fila per quattro

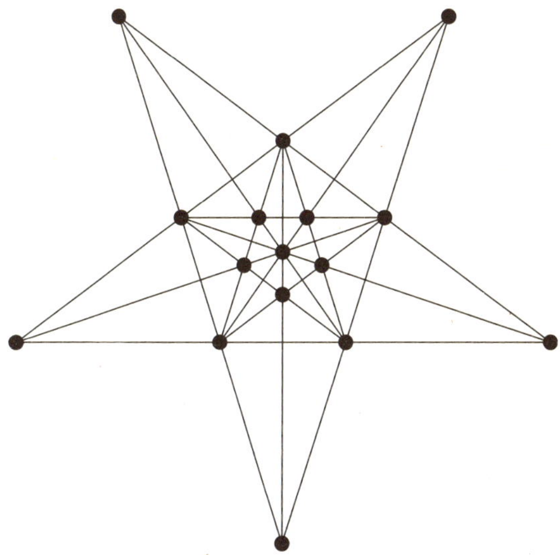

10. Venticinque punti in fila per cinque

Due quadrati sovrapposti risolvono il problema.

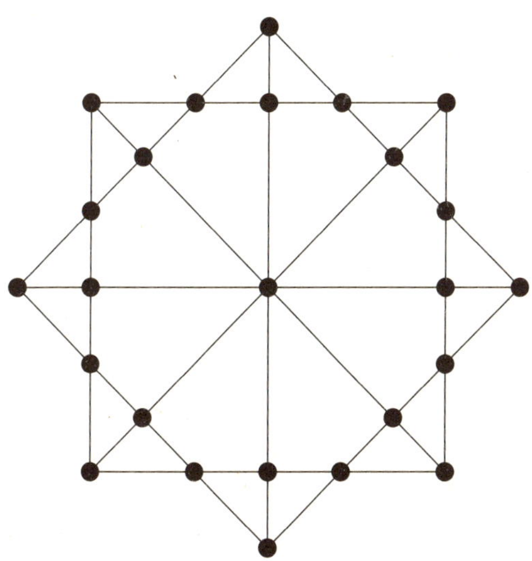

Per saperne di più

Vasilij Kandinskij, *Punto, linea, superficie*, Adelphi, Milano, 1968.

Benjamin L. Schwartz, *Mathematical Solitaires & Games*, pp. 50-81, Baywood Publishing Company, Amityville, New York, 1980.

David Kalvitis, *The Greatest Newspaper Dot-to-Dot Puzzles*, Monkeying Around, Rochester, New York, 2005.

Dots!: Super Connect-the-Dots Puzzles (Conceptis Puzzles), Puzzlewright, Sterling, New York, 2008.

Il manuale dei Boy Scouts per l'alfabeto Morse:
http://lnx.udine4.it/gohope/fileadmin/pdf/segnalazioni.pdf

Un programma gratuito per tradurre un testo in codice Morse o viceversa:
http://www.winmorse.com/

Punto e linee on line:
http://www.springfrog.com/games/dots/

Puzzle su 3×3 punti:
http://www.archimedes-lab.org/How_to_Solve/9_dots.html

Una bella collezione di giochi su punti e linee:
http://www.web-books.com/Classics/Books/B0/B873/AmuseMathC5P1.htm

INDICE

Fotocomposizione Editype s.r.l.
Agrate Brianza (Milano)

Finito di stampare
nel mese di agosto 2012
per conto della Longanesi & C.
da Grafica Veneta S.p.A. di Trebaseleghe (PD)
Printed in Italy